U1002628

城市研究系列

Urban Studies

城市研究系列

主　　编　周　宪　［加］罗伯·希尔兹

项目总监　任　晖

凤凰文库

城市研究系列

未来是什么？

What is the Future?

[英]约翰·厄里 著

陆晓 译

江苏凤凰教育出版社
Phoenix Education Publishing, Ltd

图书在版编目(CIP)数据

未来是什么? / (英)约翰·厄里著;陆晓译.
—南京:江苏凤凰教育出版社,2018.11
(凤凰文库. 城市研究系列)
ISBN 978-7-5499-7648-5

Ⅰ.①未… Ⅱ.①约…②陆… Ⅲ.①未来学—研究
Ⅳ.①G303

中国版本图书馆CIP数据核字(2018)第240917号

书　　名	未来是什么?
著　　者	[英]约翰·厄里
译　　者	陆　晓
责任编辑	蒋志君　任　晖
出版发行	凤凰出版传媒股份有限公司 江苏凤凰教育出版社(南京市湖南路1号A楼　邮编210009)
苏教网址	http://www.1088.com.cn
照　　排	南京紫藤制版印务中心
印　　刷	江苏凤凰通达印刷有限公司(电话025-57572508)
厂　　址	南京市六合区冶山镇(邮编211523)
开　　本	787毫米×1092毫米　1/16
印　　张	15
版　　次	2018年11月第1版 2018年11月第1次印刷
书　　号	ISBN 978-7-5499-7648-5
定　　价	45.00元
网店地址	http://jsfhjycbs.tmall.com
公 众 号	苏教服务(微信号:jsfhjyfw)
邮购电话	025-85406265,025-85400774,短信02585420909
盗版举报	025-83658579

苏教版图书若有印装错误可向承印厂调换
提供盗版线索者给予重奖

出版说明

城市研究领域很深广，涉及多学科内容。经济、政治、文化、环境、资源、规划、可持续发展等主题，都与城市有关。这些主题大致涵盖了实体的物质空间和抽象的文化空间，也许在一定程度上与当代生活有关的问题大多是城市问题。

“城市研究系列”即是对中国城市化进程中可能遭遇的各种问题在理论上的一种回应。“系列”以经典性与前沿性为导向，理论研究与实证研究并重。在内容方面重点关注与城市主题有关的经典性著作、各学术流派的代表作、当代前沿问题研究、城市研究新理论、城市文化现象与发展方向的探讨等。这些内容不仅追溯了城市发展的历史进程中诸多富有影响力的节点，也契合了当前社会的热点和趋势。

“城市研究系列”既重视国外先进的城市研究著作的引入，也重视国内城市研究领域中优秀的原创著作的出版。我国的城市研究起步较晚，引入国外先进的学术理论，其目的是丰富我们认识城市的路径，建立更加科学的观照体系，从而形成并完善我们本土的城市理论系统建构。

作为中国城市化进程的目击者、参与者、解释者、引领者，我们有责任告诉世界这个历史悠久的农业大国在这一巨大的城市化转型中所发生的一切。而城市本身所具有的多样性与复杂性，也值得我们去探究，去呈现，去引领。

我们期待“城市研究系列”这一高水准的中外城市理论研究出版平台所带来的新角度和新方法，所开启的新视野，所探讨的新问题，能为我国新型的城市化进程提供充分的学术支持。

江苏凤凰教育出版社

目录

第三部分　未来情景

前　言

非常感谢我的同事们，他们激发了我对社会未来的兴趣和思考，尤其是我深深怀念的尤里克·贝克(Ulrich Beck)，他的著作带给我各种真知灼见。

托马斯·贝齐内尔(Thomas Birtchnell)和我一起共同形成了本书中的观点，并发表在我们合作完成的一些文章和著作中，包括本书第7章中提到的研究。请参阅我们即将出版的新书《3D打印与生产、经销以及消费的重构：工业的新未来?》(*A New Industrial Future? 3D Printing and the Reconfiguring of Production, Distribution and Consumption*, Routledge)。同时还感谢对书稿提出整体意见或就细节提出建议的其他朋友和同事们，他们是：Barbara Adam、Ian Aspin、Alan Beattie、Mike Berners-Lee、Paula Bialski、David Bissell、Rebecca Braun、Monika Büscher、Javier Caletrio、Rachel Cooper、Andrew Curry、Joe

Deville、Pennie Drinkall、Nick Dunn、Anthony Elliott、Carlos Galviz、James Hale、Michael Hulme、Bob Jessop、Glenn Lyons、Astrid Nordin、Lynne Pearce、Serena Pollastri、Cosmin Popan、Katerina Psarikidou、Satya Savitzky、Andrew Sayer、Mimi Sheller、Elizabeth Shove、Richard Slaughter、Ken Smith、Nicola Spurling、Bron Szerszynski、Richard Tutton、David Tyfield、Amy Urry、Tom Urry、Sylvia Walby、Becky Willis 和 Linda Woodhead。

另外还要感谢英国工程与自然科学研究理事会(EPSRC)给予的资助(EP/J017698/1),伯明翰大学克里斯·罗杰斯(Chris Rogers)主持的 EPSRC 宜居城市项目的部分资金即来自此资助。

兰开斯特大学社会未来研究学院

1 引言:未来已经到来

欢迎来到未来

1994 年,《新科学家》(*New Scientist*)杂志出版了一期以未来为主题的专刊,研究未来作为一个陌生的领域如何不同寻常(*New Scientist* 1947,5 October 1994)。该刊社论指出,为了在日益复杂的世界中更好地理解现在,研究未来显得很有必要。约翰·肯尼迪总统在 1963 年被暗杀前不久说过类似的话:"改变就是生活的法则,那些只盯着过去和现在的人必定会错失未来。"(肯尼迪 1963 年的演讲)

未来肯定已经到来,但它到底是什么还是一个谜,也许是终极之谜。未来无处不在,思考和预测未来对几乎所有的组织和团体都至关重要,已成为当今时代的要务。许多人认为相较于历史,未来能更好地指导现在。国家、公司、大学、城市、非政府组织和个人都坚信自己不能错失未来,这个陌生而新奇的未来世界无处不在。

但是,未来同时又是无法预测的,是不确定的,而且常常是不可知的,是已知的和“未知的未知”一起作用的产物。盖里特·哈丁(Garrett Hardin)曾经指出:“我们不可能只做一件事情”——一件将会产生一系列未来后果的事情(1972:38)。即使我们以为自己只做了一件事情,实际的结果是我们做了许多事情,这些事情还会给未来带来许多不同的而且不可预测的后果。

因此,我要写作一本关于未来的书,第一个原因是想展示过去和未来人们在人类活动的各个领域为了预测、设想和描绘未来所做出的种种努力。一些著名的研究机构和思想家发表了各种预测著述和预测方法(参见 Szerszynski 2016,关于预测)。对于许多机构来说,未来的研究意义重大,这些机构包括谷歌、壳牌等大公司,联合国政府间气候变化专门委员会和未来论坛等环境组织,英国的远见和欧盟的欧洲战略与政策分析机构等政府机构,五角大楼等军事机构,牛津大学马丁学院或丁铎尔中心等学术机构,以及其他各种组织。这些机构所做的一些关于未来的预测具有“施为功能”,下文将详述并研究其中的一些预测。

人们找到了一些展望、想象和评估未来情景的方法,其中一些来自 20 世纪 50 年代兰德公司由赫尔曼·卡恩(Hermann Kahn)首创的情景预测方法(Son 2015:124),特别助推了替代情景法的产生,并指出这些情景有助于想象出不同的、可能的未来前景。此外,文学、艺术、电影、电视、电脑游戏等也展现了各种想象的未来世界,它们常常涉及非凡的未来技术,如时光穿梭、个人飞行器、空中公路和铁路、瞬间传送、机器人、水上行走、外星人、真空动力推进、无人驾驶火车、平等的乌托邦以及黑暗的反乌托邦未来(参见有趣的网页 www.bbc.co.uk/news/magazine-20913249)。本书将详述并评估机构、学者、科学家、艺术家、政策制定者和技术员用于预测未来的一些方法。

未来以前所未有的加速度出现，阿尔文·托夫勒(Alvin Toffler)在他的著作《未来冲击》(*Future Shock* 1970)中第一次深度分析了这种现象，他描述了技术和社会变革的飞速发展。在最近几十年里，摩尔定律意味着世界的计算能力(集成电路中的晶体管数)每两年翻一倍。今天的智能手机拥有过去大型计算机主机的计算能力，在这个"一手把握"的小小机器里隐藏着"神奇的"功能，而就在20年前没有人知道我们会"需要"这样一个东西。有些人则持相反观点，认为未来几乎已经消失，变成了"现在的延续"，而且不会有一个长期的未来(Nowotny 1994)。还有许多人觉得自己没有未来，因为机会、希望和梦想仿佛已经永远地消失，尤其是在经济困难的"紧缩期"。

未来正在消失的感觉还出现在新金融"产品"中，这些产品基于百万分之一秒内发生的计算机化的高频交易(Gore 2013)。超过思维速度的行动，包括人脑来不及反应的金钱和信息的流动，即使是金融界的"快闪小子"(Lewis 2015)也不能把握住。在这样一个加速发展的世界，从业人员尚未搞清其真相，金融未来就已来临。这是一种十亿分之一秒速的未来冲击，在此冲击下，放缓决策哪怕到一秒的尝试都会被金融机构拒绝(Gore 2013:16—17)。

此外，未来还充满各种互相冲突的社会利益纠葛。两个多世纪以前，埃德蒙·伯克(Edmund Burke)认为社会应该是"活着的人、死去的人和将要出生的人之间的，而不仅仅是活着的人之间的合作关系"(Burke [1790]，引自 Beinhocker 2006:454)。伯克提到社会未出生人群的利益，认为这些人群需要一个有力的"声音"来抗衡只基于活着的人的利益的社会和生活。

正如布伦特兰委员会著名的布伦特兰报告《我们共同的未来》

(*Our Common Future*，1987)所指出的，环保运动在建立代际间全球共同利益的理念中发挥了重要作用。环保主义利用代际说辞来维护人类子女、孙子女和那些尚未出生的孩子们的利益(参见 Hansen 2011；www.gaiafoundation.org/earth-law-network/alliance-future-generations)。有趣的是，匈牙利还发起设立了关注未来一代议会专员一职(www.ajbh.hu/en/web/ajbh-en/dr.-marcel-szabo)，而威尔士也根据2015年立法设立了未来一代专员一职，为未来一代代言。

然而，大多数塑造未来的社会进程都是为了当前一代人的利益。那些尚未出生的人在“代际议会”里一般没有发声，或者如亚当(Adam)所言，未来的世代无法因为当前的一代使用了他们的现在而向他们要求赔偿。他们没有发言权或选举权去主张自己的利益，而是不得不接受交到他们手里的东西(Adam 2010:369)。

但是有时候当前一代人的这种特权也面临挑战，国家政府和非政府组织努力组建“虚拟团体”，跨越代际，寻求一个“共同的未来”。这样的代际团结可以转变社会和政治争论，建立新的情感习惯和结构，1970年，这种情况曾在一些地方发生。1970年4月22日，2 000万美国人为获得健康和可持续发展的环境而游行。这一天成为第一个地球日，美国环境保护署得以成立，多个环境保护法案获得通过，绿色和平组织建立并发表了标志性的文件。在这样的情况下，长远的或者冰川未来预测构建了一个强大的情感结构(structure of feeling，参见 Lash，Urry 1994)。未来变得更民主，但这样的情况并不多见。总之，本书论述的主导方向将是未来的民主化。

拒绝未来

尽管发生了许多关于未来的社会冲突，但社会科学并不愿意涉足未来世界，对于未来的理论化和分析贡献有限（参见 Bell, Wau 1971; Young 1968）。这种不情愿的一部分原因是 19 世纪最重要的社会科学家马克思预测资本主义时犯了明显的错误，他认为资本主义将导致产业工人阶级领导的世界革命。马克思说："哲学家们只是用不同的方式解释世界，而问题在于改变世界。"（Marx 1962[1845]: 405）他预见使用蒸汽机的工厂、大型工业城市、铁路和工人贫困化将使工业无产阶级发展为"自为的阶级"，从而对资本主义世界展开革命。由于全球资本扩张带来的恶果，无产阶级及其改造力量将推翻资本主义，实现共产主义。

而实际上，世界范围的社会革命并不是从最发达的资本主义政治社会开始的，如英国或德国，而是开始于 1917 年的沙皇俄国，一开始参与的也不是一个人数众多的有组织的工人阶级，布尔什维克革命没有走向一个国家的共产主义或者社会主义，在许多评论学者如卡尔·波普（Karl Popper）看来是走向了野蛮。

然而，马克思在 19 世纪 40 年代早期的著作中强调了资本主义社会实际上会有很多不确定性和不可预见性。在他刚满 30 岁时写下的《共产党宣言》（*The Manifesto of the Communist Party*）中，马克思（和恩格斯）描述了一个无常的和变化的现代世界，所有固定的、牢靠的关系都被现代资本主义消灭，所有曾经牢固的东西都烟消云散了（Berman 1983; Marx, Engels 1952[1848]）。这种对于现代资本主义不确定性的预见意味着就 19 世纪 40 年代的分析来看无法描绘一个具体的未来蓝图，马克思和恩格斯也确实常常批驳乌托邦式的未来预测。

许多社会分析学者利用马克思主义分析对未来预测的明显失误来拒绝社会科学应该对未来做出预测或者规划蓝图这一提议。乌托邦式的幻想或者对变换的世界的构建都激烈地加以批判，尤其是冷战时期的西方世界(Popper 1960;Kumar 1991)。社会科学拒绝构建和分析可能的未来(参见 Bell,Wau 1971)。一些社会科学家，如列斐伏尔(Lefebvre)、鲍曼(Bauman)和欧林·赖特(Olin Wright)认为乌托邦可以充当当今社会的一面明镜，因为它展示了现状的不足之处(Bauman 1976;Levitas 1990;Pinder 2015)。乌托邦的假设是大胆自由的，使人能够跳出现行社会生活模式的束缚。但总的来说，乌托邦主义的社会学还是不多见的。

事实上，在过去大约 70 年里进行的关于未来的研究都出自"社会科学"的范围之外(参见 Son 的时期划分，2015)。后来未来研究发展成为一个专门化的越来越专业的学科，产生了自己的刊物、核心著作、代表性人物、全球机构(http://foresightinternational.com.au)、行业组织(例如专业未来学家协会)和奠基性文本(参见 www.wfsf.org/;Son 2015:122)。1945 年以后的未来学思想常常反映的是冷战时期的争论和问题，据说卡恩就是 1964 年的电影《奇爱博士》(*Dr. Strangelove*)中主角的原型(参见 www.newyorker.com/magazine/2005/06/27/fatman)。许多未来学研究都与强大的军事和商业机构研究的问题相关，计算机被看作冷战的特别工具(Turner 2006:1)。未来研究通常由学术机构以外的组织资助，最终在私营智库得到发展，例如阿尔文·托夫勒于 1970 年，稍后的杰瑞米·里夫金(Jeremy Rifkin)于 2009 年、阿尔·戈尔(Al Gore)于 2013 年，以及其他许多人在不同时间建立的各种智库。到 20 世纪 70 年代晚期，未来学相关期刊数达到惊人的 178 个(Son 2015:125)。

未来研究得以发展的部分原因是自 1970 年起的几十年里环保运动及相关科学变得越来越重要(参见 Schumacher 富有预见性的著作《小的是美好的》[*Small Is Beautiful*],1973)。《增长的极限》(*Limits to Growth*)一书中的辩论和 1973 年石油危机都涉及计算机模型的创建,有的描绘了末日场景,有的则表现了对技术未来乐观的态度(Meadows,Meadows,Randers,Behrens 1972;Son 2015:126)。大气环流模型就发端于人们对气候变化的日益关注。20 世纪 90 年代早期,计算机模型模拟了二氧化碳增加对于未来不同时期全球平均气温状态的影响。这种预测已经进入影响力日增的联合国政府间气候变化专门委员会(IPCC)的重要报告,该报告首次发表于 1990 年,此后每隔几年就发布一次。报告发出警示,如果人类社会继续现行做法和政策,未来全球气候将持续大幅度变暖,从而导致现行的一切完全颠覆(参见本书第 9 章)。

社会科学和未来

本书认为不同的社会未来对当前人们的生活将产生重大影响,将论证未来研究领域应该回归社会科学,并且以某种方式服务于人们的日常生活。许多社会科学理论和研究都与未来预测密切相关,但这种关联并没有被充分利用。本书谋求将未来学"主流化",未来如此重要,不应该只靠政府、公司和技术人员去研究。未来前景影响巨大,社会科学应该在理清、辨明、展示未来方面起到重要作用。因此我们应该建立"社会未来学",该学科与"整体未来"有些相似(Bell,Wau 1971;Slaughter 2012)。本书还将说明未来预测理论和方法的核心是分析"社会习俗、行为和生活"。未来就是现在，社会科学和社会自身都不应该错过这一时刻。

首先，这是因为社会科学在帮助解构“时间”这一概念方面意义重大。亚当和他的同事们表明由于不同的社会和社会机构有不同的时制，因而时间形式多样。在不同的群体内部，如修道院内或者当代的金融机构内，时间的循环和遵守方式对于人们的生活影响很大（参见 Canales 2009，关于能够测量十分之一秒的历史意义）。亚当阐述了从生活的、经历的时间到标准化的、去情境化的时间这一历史转变的意义（Adam 2010）。

与此相关，社会科学也详述了不同时制下不同的未来。在亚当和格罗夫斯（Groves）看来，未来经历了被讲述、被控制、交易、转化、穿越、思考、关注和超越等过程（2007）。尤其重要的是未来的交易，涉及各社会群体发展道路上的重要转折。在许多宗教信仰里，借钱收取利息被视为有罪，因为未来的一切都属于神而不是人（Adam，Groves 2007：9）。但是在欧洲社会，神的礼物被转化成人类塑造、参与并交易的未来，所以“未来从神的手里被转交到人的手里”，这一转变给人类社会带来了深刻的影响（Adam 2010：365）。

未来常常被视作一个缺乏背景的空洞而抽象的概念，结果“空洞的未来就被随便攫取、交易、占据和控制……利用和滥用一个去情境化的、去人性化的未来不会觉得内疚或者懊悔”（Adam，Groves 2007：13）。未来确实被利用和滥用了——被视作空洞的未来很容易被掠夺，而将要继承未来的一代本就维权无门。

社会科学还研究从现在推断出未来这一做法的危害。了解未来需要了解各种“过去”的历史，确立理解过去、现在和未来相互作用的方法。有观点认为我们是有办法的，尤其是用类似瑞尔·米勒（Riel Miller）所谓的“未来学素养”的方法来区分计划、准备、创新和共同创造的未来(2011)。米勒认为培养关于未来的未来学素养能使人们更好地理解现在。他说关键不是测试现在的假设是否与可预测的未来相符,而是用未来质疑、揭示、创造现在。从更加广义的层面来看,人们关于未来的预测对于现在具有深刻的影响(Szerszynski 2016)。

社会制度的中断、变化和不可预测性也会导致时间和未来预测的变动。普利高津(Prigogine)从复杂性科学的角度指出未来是多个不稳定的复杂适应系统及其一层层的关联系统共同作用的结果(1997)。“确定性的终结”对于未来社会含义丰富,阿尔·戈尔对此有详细论述(2013)。

关于技术的社会研究表明未来的经济和社会创新极少是一个线性过程,而是受到不可预测的各种因素的共同作用,亚瑟(Arthur)以“新”技术为背景对此做出过详细描述(2013)。未来学家雷·库兹韦尔(Ray Kurzweil)也说过类似的话:“许多发明失败了,并不是因为研发部门工作不力,而是因为时机不对——不是所有必需的成功条件都具备了。发明有点像冲浪——你必须预见到并在合适的时刻逐浪。”(http://crnano.org/interview.kurzweil.htm)本书将探讨因为没有“在合适的时刻”逐浪而导致未来未被预见到的情况。

关于创新的社会研究表明未来无法预测,因为技术在发展,带来了出乎意料的后果,这些结果和各种因素结合后,又不时地形成一个新的系统。这样的系统自我发展,其结构和作用并非预先设定。许多旧技术并不会消失,而是通过路径依赖关系得以继续存在,并和新技术一起成为重组的、不可预测的结合体。一个有趣的例子是,即使在高科技的办公室里,与纸有关的“技术”依然不可或缺。本书中“技术”一词的使用表明书中引用的社会科学观点是基于各种社会和物质因素的共同作用(参见第二部分)。

此外,未来已经融入当代社会,例如建设“智慧城市”的理念已经成为现实。这样的理念是具有行动意义的(参见 http://smartcities.media.mit.edu)。能力非凡的行动者利用复杂的语言意象和关于未来“天堂”的想象努力将未来变成现实,他们展示或者创造未来,并将那些反对这些未来的人定义为“勒德分子”(Law,Urry 2004,关于规制社会的论述)。

“创造未来”的一个例子是广泛应用于大型交通基础设施规划和融资的“预测和供给”模型。这个模型的运作如下:分析人员调研某道路交通系统的拥挤程度,预测该地区未来对道路空间的增长需求。人们理所当然地认为必须建造新的基础设施以提供新的道路空间,因为这样做能节省宝贵的时间,但接下来进一步的预测结果仍然是对道路空间的需求持续增长,然后继续提供空间,如此周而复始。预测得以实现,并且看似“正确”,导致需求再次不断增长(参见 Lyons 2015)。

有些预测是针对长期未来的。库兹韦尔强调计算和技术力量的增强将带来加速增加的回报,不断出现的剧变将导致“奇点”的来临,这一刻,人类生物学和基因学、纳米技术以及机器人技术互相融合(Kurzweil 2006;见 2010 年的电影《奇点迫近》[*The Singularity is Near*])。库兹韦尔描述了奇点之后的状况,认为人类和机器已无分别。当奇点到来时(预计 2045 年),基于计算机的人工智能将大大超越人脑,因此实际上已经出现了一种新的物种,这实际上已经不能说人类是进化的终点。媒介未来学学者马歇尔·麦克卢汉(Marshal McLuhan)曾经说过:“我们先制造了工具,然后工具又改造了我们。”各种剧变将未来拉得越来越近。但是库兹韦尔认为,如果我们只是将变化看成“线性的”,那么我们将错过正在发生的变化，未来将通过剧变提早到来，远远早于我们的预计时间（参见 Gore 2013：240；www.technologyreview.com/view/425733/paul-allen-the-singularity-isnt-near）。

库兹韦尔关于奇点的观点总的来说是温和的（他现在为谷歌工作）。但是其他关于未来的预测却更多是反乌托邦式的。当前人们对于短期利益的追求将造成出乎意料的恶果。社会科学分析展现了未来常常与我们的规划和想象逆向而行。一旦魔鬼从瓶子里被放出来，它就回不去了，一切将沿着闭锁的路径依赖模式发展，而且常常并非如我们所愿。

有些社会学家探讨在过去几十年里“富裕的发达国家”所取得的成就会不会“反转”。社会科学著作、政策干预和电影以及文学思想的主流是“新灾变论”。有人甚至说发达国家社会的未来会消失，他们将罗马和玛雅文明的陨落和当今社会的可能消亡进行类比，特别是因交叉出现的能源和环境危机而消亡（Diamond 2005；参见本书第 3 章）。出于对该未来预测的恐惧，硅谷的一些从业人士建立了今日永存基金会以思考、规划更长线的未来（在未来的 10 000 多年里；http://longnow.org）。

尤其重要的是，本书还将探讨创造未来的能力。社会科学的一个关键问题就是谁或者什么将拥有未来 —— 这种拥有未来的能力决定了创造未来的能力。之前，我已经提到未来曾经被认为掌握在上帝手中，这一信仰抑制了资本主义和货币经济的发展（参见 Le Goff 1980）。许多地方都禁止通过收取利息而靠金钱在未来获利，但在中世纪，这种对于投资未来的限制在基督教世界有所放松，在伊斯兰世界则被严令禁止。在西方，投资未来迅速成为大量敛财的方式，其间产生了丰厚的利润。

另一个重要的理念是未来属于个人，是个人关注并创造的未来。因此，尽管在某些方面有相似之处，但每个人都希冀、规划和盼望着自己的未来。许多文学和传媒作品都将未来设想为自我的和个性化的，而且与他人无关。现代人常常被鼓动去“追寻那不可能实现的梦想”，特别是要重塑自我(Elliott 2013)。言外之意是，不可能的梦想如果没有能够实现，那也是做梦的人的错，是他们的梦想、志向或者成就还不够好。

在有些理论看来，未来是共享的。常见的表述是人们共同拥有未来，“我们”的梦想实现了。未来是共有的，是大家的。整个社会参与创造了未来。然而，杰伦·拉尼尔(Jaron Lanier)强烈反驳了这种共同拥有未来的说法，他认为国际计算机大公司很强大，“妖魔服务器”拥有超级计算机，其信息可以转化为巨额财富。正如拉尼尔所说：“你无从知晓服务器窥视到了多少你的信息。”(2013:63;Keen 2015)

因此，未来已经被“企业私有化”，特别是一切都变成了货币化的商品(Lewis 2015;Srnicek,Williams 2015)。智库和公司的未来学家们，尤其是那些硅谷从业人员，想象并展示了一种未来，这是一种数字化的乌托邦(Turner 2006)。拉尼尔指出这反映了公司对于世界的控制，尤其是在1980年左右新自由主义思想和实践得以在美国、英国发展，继而蔓延到全世界之后(Klein 2007)。有趣的是，“占领运动”通过其抗议口号“占据未来”反对未来的公司私有化；大型公司对未来的不利影响也成为许多科幻作品的主题。

未来之争

因此，对未来的思考规划涉及范围很广，而且关系重大，问题重重。我们已经看到的一个问题是，尽管几乎所有的未来预测都关注社会生活和组织可能出现的变化，社会科学研究和概念却被忽视了。在关于未来的思考中，社会特征没有像技术以及技术改变人类的能力一样受到重视。本书将讨论我们为什么既要避开技术决定未来论调的暗礁，又要躲开未来完全开放论的激流。未来不是既定的，也不是空白开放的。

此外，思考未来实际上是以另一个名义进行规划。问题如此严重，未来规划不可回避，但现在已经不用"规划"(planning)这个概念，因为从资本主义和社会民主规划时代起，这个词就从意识形态上被玷污了。社群主义/生态左翼和大部分右翼人士都对这一概念提出了批评意见。

但是考虑到社会未来所涉及的长期进程，思考未来是必要的。并且一旦思考未来，公共机构和非政府组织必须参与其中。实际上，它们应该成为预期和创造未来过程中的关键协调者。无法想象，如果没有"规划"该如何制定政策应对类似气候变化这样的问题(气候变化怀疑论者对此很清楚)。因此，在现代无序的资本主义体制下，未来学是使国家和公民社会摆脱冷漠态度的重要手段。此外，如果我们专注于社会未来，将带来市场和技术的超越式发展。"社会未来学"质疑自主市场和技术的进步，并促使包括国家和公民社会在内的一系列相关要素参与未来的缔造。当代是公民社会、全球变化、棘手问题、市场局限以及多种"未知的未知"等等问题的时代，思考未来和使未来民主化涉及这个时代的"后现代规划"。

本书还将讨论并区分以下三种未来的必要性：由温德尔·贝尔(Wendell Bell)提出的推断的未来、预想的未来和期待的未来(Bell，Wau 1971；参见 Kicker 2009)。人们期待的未来可能就是最不可能出现的未来。至少可以说，被期待的未来并不一定就是最可能发生的未来。人们常常以为某种未来是现在所期望的，那么就将会变为现实，因为大部分社会成员期待它的到来。然而，并不是最好的就一定会实现，即使这是集体公认的最值得渴望的未来。

本书的第一部分描述了各机构、作家、未来学家、技术人员和思想家用以预测、描述、设想和创造未来的无数种方法，包括各种乌托邦式的和反乌托邦式的未来预测。下一章节将描述、评价这些关于未来社会的想象和模型，亦即所谓的“昔日未来学”。有些社会未来设想在印证后变得明晰，并得到很多人的认同。本书第2章将详述在对未来充满乐观情绪的喧嚣的20世纪90年代之后，富裕的发达国家在世纪之交发生的巨变，这一情感结构的巨变成为当代社会思想的“新灾变论”。复杂性思维，尤其是考察系统间的互相作用，对于思考未来“社会崩溃”现象非常重要。

本书第二部分直接转入讨论复杂性思维以阐明决定论和开放论两种论调。复杂性分析涉及路径依赖、闭锁、正反馈回路、临界点以及相变等概念。系统是动态的、过程性的、不可预测的，同时又是相互依赖的。重点将放在各种转变上，这些转变重新校正了社会内部以及互相之间的经济和文化的平衡、本质和运作方式。它们改变了世界，尽管不一定有人规划了或预见到了它们，甚至当时根本就没有人留意到转变。这说明了未来世界形势的严峻。本书这些章节将探究创立新的社会物质系统所面临的复杂情况，并评估已经出现的关于不同社会未来的主要预测方法。

本书第三部分将利用其中的一些方法和理论通过对不确定的、矛盾的、有影响的未来预测的案例进行研究以考察未来的发展。每一种方法和理论都建立了场景。案例研究利用3D打印技术展示全球制造业和运输的可能结构，后碳时代城市的流动方式变化以及全球气候变化可能造成的各种未来。本书第三部分的章节将描述各种未来情景，并通过回溯分析评估不同未来预测的相对可能性。这些章节的中心是复杂系统分析的重要性、不同的未来预测以及系统闭锁，将涉及许多社会科学理论以及相关领域的研究成果。

本书最后一章关注未来学的未来分析。研究表明可信度高的未来预测应该对各个社会机构、措施以及行为进行深入分析。应该利用复杂性思维理论探究由不稳定的、复杂的、互相依存的适应系统构成的未来。物质系统和社会系统既强大又脆弱，充满了创新性、不可预测性和颠覆的可能。未来学让我们理解凡事都有另一种可能，结果未必是确定的，因此需要培养未来预测的跨学科研究能力（参见 www.lancaster.ac.uk/social-futures）。在研究、预测和评价本书提及的诸多未来情景的过程中会出现许多始料不及的严重问题，本书最后一章将予以详述。

第一部分　未来学简史

2 昔日未来学

引言

虽然无法预知未来是什么样的，大部分有文字记载的社会群体都有一些仪式和话语，认为通过这些可以预测、描述并在一定意义上了解未来。无论预测未来是掌握在神还是人的手里都是如此。人们想象、预测、神化、预言并描述了不同的未来，有好的，也有坏的。

这些未来预测的获得方式显示了社会的运作方式。未来预测的方式揭示了社会的本质，尤其是各种权力关系的构成和转移。权力的一个核心要素是从众多想象、构建、实现和分配未来的方法中决定以及创建未来的能力。科幻小说作家威廉·吉布森(William Gibson)曾经说："未来已经来到眼前——只是还分布不均。"

本章将先简短介绍关于未来预测的方法、未来预测者以及未来预测带来的后果的历史，随后探究社会未来学，简述乌托邦式和反乌托邦式的未来社会。这段历史简述将开启本书后续章节中涉及的许多主题，关注未来社会预测的复杂问题，而不只是某一个体或者机构的未来命运。

预测未来

在大多数已知的社会中，关于未来有大量的想象和预言。这些创造未来的过程都掌控在“未来专家”手里，情况因历史和地理背景的不同而不同。这些专家包括预言家、先知、占卜者、神使、女巫、技师、哲人、星象家、未来透视者、小说家、巫师、未来学家以及算命者等等。这些专家常常运用某些专业知识，通常结合了神学和世俗知识。那些被认为能借助专业知识预测未来的人颇受追捧，报酬丰厚。如果未来预测对于强权阶层来说是“噩耗”或者预言被证实“有误”，那么这些未来专家也会受到严厉的惩罚。

此外，关于未来的本质是什么的证据也常常受到质疑，大多数信仰体系建立了一些机制去解释为什么预测的结果没有实现，从而避免因预测失误导致整个系统的崩溃。即使用于预测实验结果的科学理论亦是如此，如果在实验室或者试验现场的结果与预测不符，通常都有“补救”措施。卡尔·波普认为，这种补救预测的做法是科学哲学的关键，尤其是面临错误的预测应不应该导致理论的全盘推翻这类问题的时候（参见 Lakatos，Musgrave 1970）。

有些未来预测只针对社会中某些特定人物的命运，尤其是君主或者企业领导人，他们常常有自己的未来预言者。另外一些未来预测面向大多数人的未来命运，通常通过星象、透视或者算命来预测。还有些未来预测涉及可能发生的大规模宗教、神明或者世俗事件，通常在很远的将来。有些预测带来的是好消息，是一个可能的乌托邦式未来。另一些则是预言可怕的灾难——“世界末日就要来临”，这种预测预警人类如果不完全改变现行的所作所为，灾难就要降临，以此希冀现状有所转变。

预测未来的方式有上千种（Adam，Groves 2007：chs. 1，2），从解梦到观察人的肝脏状态（美索不达米亚人认为肝脏是生命的中心），花样繁多。

在许多希腊神话中，命运是预先注定的。尽管人们相信像特尔斐神谕这样的预言可以预知未来，但它们依然无法干预或者改变未来事件的发生。许多希腊神话都是关于那些能预知未来却无力改变的预言家的悲剧的（Adam，Groves 2007：4—5）。其中一个著名的故事是女祭司卡珊德拉的悲剧，她预先警告特洛伊人不要接受希腊人送来的礼物——特洛伊木马，但无人理会，最终藏在木马中的希腊战士攻下了特洛伊城。尽管卡珊德拉知道将要发生什么，她却无力阻止悲剧的发生。在第 9 章，我将探讨另外一些案例，如果人们知道他们明明清楚全球气候变化将导致什么样的未来却对此问题视而不见，这被看作是当代版的“卡珊德拉综合征”。

在历史上，德鲁伊教的教士预测未来的方式曾经很重要。德鲁伊教士从鸟飞行的轨迹、云的形状、特殊树种的样子以及自然界的其他特征中获得灵感，经过长期的特殊训练，他们被看作先知和术士，很多成为王室的谋士。据说德鲁伊教士会读心术，能运用复杂的占卜术和魔术预测未来。他们的做法和今天解读“奇特天气”有些相似的地方，今天的气候科学家越来越多地用这些方法来证明未来气候的变化，而这些都基于德鲁伊教神秘的传统（Szerszynski 2010）。

在许多社群中，经典著作在未来预测中起着重要的作用。《旧约》预见了许多未来事件，包括基督生活年代的事件，而在《新约》中则频繁出现关于世界末日的预言。人们认为先知有特权获得上帝的旨意从而能预知未来，但是关于是不是只有特定的先知才能获得上帝旨意仍有争议。

利用星象，即根据星辰的运动以及与星辰相关的神祇的活动预测人类命运是最普遍的预测方法。印度、中国和玛雅文化建立了通过观测星象预测世事变化的复杂体系。西方的星象学通常使用星象图来解读个体的个性特征，并基于个体出生时太阳、月亮和其他星体的位置来预测未来。大多数的专业星象家利用的都是这些系统知识（参见 www.astrology.org.uk）。一直以来，星象学都被看作是一种学术传统，与天文学、炼金术、气象学和医学等类似科学体系互相交织。即使在天文学出现之后，星象学在过去两千年中的影响仍然是巨大的。对于 16 世纪预言家诺查丹玛斯有关未来战争、地震以及其他灾难的星象学预言就争议不断（参见有趣的网页 www.nostradamus.org）。

综上所述，关于预言或占卜未来有许多富有影响力的记述。这些预言大都与个人未来的命运有关，预测的是特定的人的命运。它们让个体获知神祇或者命运对他们或其他个体的安排。人们认为未来是可以预知的，但即使人们已经感知命运，也大都无法改变。

某些社会未来预测

在过去几百年里，出现了关于未来的更复杂的描述，本文主要讨论欧洲的案例。这些预测详细分析了未来社会，还通过警示和引导寻求改变现状。有些关于未来的描述成为西方文学的经典，部分反映了写作年代的时代特征。故事以未来世界为背景，有乌托邦的，也有反乌托邦的。这些文本中的术语进入了日常语言，构成了日常和社会科学关于未来的话语，历时数百年。

有学者指出关于乌托邦的著作是在中世纪开始瓦解后才出现的。从 16 世纪开始，人们才有可能评价和批判社会（Kumar 1987,1991）。一些重要的著作开始描述乌托邦，最早的著作是托马斯·莫尔（Thomas More）的《乌托邦》（*Utopia*）（1516；Andrews 重印本 1901）。作品完整描绘了一个不同的社会，而不只是描述社会的某一个完美的方面。《乌托邦》的出版就在马基雅维利的《君主论》（*The Prince*）之后。约 500 年前（1516），这一现代乌托邦诞生，统一的基督教也在此时通过宗教改革开始分裂，震动了全欧洲的天主教会（Kumar 1987：22）。

托马斯·莫尔在他的著作里预测了几百年后的社会，描绘了人类之城而非上帝之城的细节。书中，他首创了未来学的文学体裁和"风格"。《乌托邦》描绘了一个全面运行中的平等主义社会。莫尔的写作方式类似现代社会学家，描写了"乌托邦居民的相互交往、商业和平等分配所有财产的规则"（Andrews 1901：173）。

乌托邦岛由 54 个基本一样的城市组成，每个城市有6 000户，每户有 10 到 16 个成年人。为了使人数平均，人口被重新分配到每户和每个城市。如果岛上人口过多，就在别处开辟殖民地。只有一个出入口通往乌托邦岛。

在乌托邦没有私有财产，货物存放在仓库里，人们在需要的时候按需申请。经济的基础是需求而不是收入。人们通过劳动制造有用的产品，而不是奢靡的奢侈品。人们只从事必要的劳动。女人和男人干一样的活。失业已经被消灭，每个工作日的工作时长不超过 6 小时。公民的房屋产权每 10 年轮换一次。

公民可以在岛上旅行，如果“有人想拜访居住在其他城市的朋友或者想到岛上其他地方游历一番”的话（Andrews 1901：178）。这里表现了对于旅游的一种现代看法，即友谊和渴望对他乡的凝视可以是旅游的正当理由。乌托邦公民拥有交通工具、旅行所需资金和国内通行证。任何没有通行证的人都会被遣返。个人隐私不属于自由权，没有小酒馆以及私人聚会的场所。每个人都处于他人的视线之下，必须行为得体。几百年后，简·雅各布斯（Jane Jacobs）也提及了在有效的城市设计和规划中有“街上的眼睛”很重要（1992[1961]）。

乌托邦公民背诵统一的祈祷文，其中可见他们重视对其他宗教思想的包容。但是学者能做管理官员或者牧师，有奴隶存在。总的来说，乌托邦人憎恶战争，但当他们感到友好国家受到不公正对待时，他们会提供军事援助。但是，他们不会杀死敌人，而是俘虏敌人。通过杀戮流血得来的胜利会让他们不安。战争的主要目的是为了有一天能没有战争。

大多数评论家认为莫尔的《乌托邦》是“社会未来学”系列作品的奠基之作，有趣的是，马克思也将他誉为“共产主义英雄”。不同的是，H.G.威尔斯（H. G. Wells）认为百年之后于 1627 年出版的弗朗西斯·培根的《新亚特兰蒂斯》（*New Atlantis*）才是第一部现代乌托邦著作（Andrews 1901；Kumar 1987：198—9）。

《新亚特兰蒂斯》描绘了一个乌托邦式岛上的习俗，尤其是其被视为“王国之眼”的国营科研机构所罗门宫，涉及各种科学研究仪器、科研过程和方法。其中有一个场景是所罗门宫的负责人在向欧洲的来访者介绍科学背景知识时，展示以培根法进行的科学实验。这些实验旨在理解和征服自然，并运用所获得的知识改良社会。

18世纪科学家孔多塞侯爵(Marquis de Condorcet)持有相似观点。他凝望"未来之海",预见到一个进步的未来世界的诞生,这一未来建立在平等、启蒙和由科学家群体指引方向的社会基础上(Kumar 1987:44)。科学将蓬勃发展,成为一种集体性的力量,这一力量能够改变并改善这个世界。

小说家阿纳托尔·法郎士(Anatole France)从更广泛的层面上阐述了乌托邦思想的积极作用。他写道:"如果没有对未来的乌托邦幻想,人类也许还居住在洞穴里,赤身裸体,充满苦难……美好的现实来自高尚的梦想。乌托邦是一切进步的标准,是进入美好未来的尝试。"(引自 Mumford 1922:22)在19世纪以前,未来极少被想象成一个不同的地方或一个未被发现的领域。但在19世纪,出现了许多新的思想,对未来出现的乌托邦做了详尽的想象(Armytage 1968)。大部分未来学家看到了新科学技术的活力,尤其是蒸汽机和电力将促进社会进步,进而进入一个全新的更好的未来世界(Kumar 1987:ch. 1;Morus 2014)。

一些乌托邦的想象被看作是接近现实的梦想,而不是遥远的未来。例如,马克思源自阶级斗争的"真正的共产主义"理念以及约翰·布莱特(John Bright)和理查德·科布登(Richard Cobden)的自由市场乌托邦(Kumar 1987:46—9)。最有意义的是罗伯特·欧文(Robert Owen)于19世纪早期在苏格兰新拉纳克建立的工厂村范例。这一"真实的乌托邦"导致了19世纪乌托邦模式的大量涌现。欧文关于新拉纳克纺织厂的著作题为《新社会观》(*A New View of Society*)(1970 [1813/14]);他批判了工业资本主义制度的竞争性和异化特征,宣扬规模相对较小的"合作村庄"。每个这样的村庄大约有1 000人。社区有公共大楼、合作社、操场、公共厨房、讲堂和学校。欧文认为这些合作村庄能帮助改善

“新技术和机器对人的贬斥”(Owen 1970 [1813/14]:53;参见 Wright 2010 关于一些规模相对较小的近代“真实的乌托邦”)。

19 世纪较晚期的乌托邦思想是威廉·莫里斯(William Morris)的《乌有乡消息》(*News from Nowhere*)所展示的理想社会(1890)。在这个想象的乌有乡社会里,人们免受工业化的困扰,与自然界和谐相处。莫里斯认为机器可以减少令人痛苦的那部分劳动,但他没有设想家庭劳动的分工改变。这里的物质环境令人愉快,宽敞美丽,带有一种田园牧歌般的简朴风格(Levitas 2013:80)。在关于威廉·莫里斯的讨论中,莱维塔斯(Levitas)将乌托邦分为封闭式的和探索式的,用于检验和评判当代社会的乌托邦(2013:114—15)。在莱维塔斯看来,莫里斯的作品强调的是开放和参与,而不是一个固定封闭的乌托邦蓝图。

其他的 19 世纪乌托邦未来世界图景显得更加动感,有些作品更是涉及了大量的旅行、探险和迁移的描写,例如 H.G.威尔斯有关“时空穿梭”和“世界脑”的描述以及儒勒·凡尔纳的《环游世界八十天》(*Around the World in Eighty Days*,2008[1873])。还有的未来设想表现了人类与居住在地球内外空间中更先进的外星种族的冲突,其中最早的一个例子就是 H.G.威尔斯的《世界大战》(*The War of the Worlds*),它引出了此后许多类似的著作和未来设想(2005[1898])。

19 世纪的著作大多对科技进步的威力和进步持乐观态度,作为标志性事件的 1851 年伦敦博览会就表现了这样的乌托邦思想。奥斯卡·王尔德曾在世纪之交写下了一句名言:“没有乌托邦的世界地图是不值得看的,因为它遗漏了那块人性永恒的国度。”(2001 [1900]:141) H.G.威尔斯被称作“乌托邦主义的化身”(Kumar 1987:ch. 6,关于其作品中的变化),他认为社会学应该研究乌托邦，因为“社会学是对理想社会与现行社会的关系的描述”（Wells 1914：200）。

威尔斯在他的《现代乌托邦》（*A Modern Utopia*，2011［1905］）里详尽描述了这样的理想社会。他的现代乌托邦不同于较老的静态的乌托邦设想。在他看来，乌托邦充满了变化和创新。他想象全世界巨大的火车以每小时200—300英里的速度在地球上奔跑（Kumar 1987：194），乌托邦不可能是止步不前的。个人隐私没有理由存在，语言、货币、习俗和法律都是一样的。一个世界性的国家拥有土地和所有的能源。人类几乎完全免于体力劳动。社会设计有效、简单而又实用。乌托邦的社会组织富有科学精神。最新的科技带来的机器进入人类的生活，对此没有限制。在一座大楼里存有世界人口索引，每个人都有一张记录卡记录其多种信息，包括其旅行模式。

然而，H.G.威尔斯在他的著作《隐形人》（*The Invisible Man*）中却展示了一幅不那么乐观的图景。书中古怪的科学家Griffin发现了隐形的秘密，从而开始了对无上权力的疯狂追求（Kumar 1987：184—5）。玛丽·雪莱（Mary Shelley）于19世纪早期塑造了由小说中的人物瑞士科学家维克多·弗兰肯斯坦（Victor Frankenstein）创造的怪物形象，此后机器超乎预料的威力成为未来预测的永恒主题（2000［1818］）。弗兰肯斯坦在科学实验室的全新空间里进行实验，摒弃生命创造的自然规律，在实验室里创造出了一个新人——现代普罗米修斯，这个名字也成为小说的副标题。但是，当他将不同的身体部位组装好时，他吓坏了。他扔掉了这个怪物，但最终还是受到了惩罚。人类创造了这样的“科学怪物”，失控的怪物又回头戕害人类，这一主题出现在此后的许多科幻作品中，如《银翼杀手》（*Blade Runner*，1982年首映）。

玛丽·雪莱以21世纪末为背景的《最后一个人》(*The Last Man*)常被人们称作最早的“启示录”小说。小说描绘了一群在迅速蔓延的瘟疫中挣扎的幸存者(1826)。在雪莱的笔下,“美国的巨型城市、印度的肥沃平原、中国的拥挤住宅都面临着灭顶之灾。不久前还是众人欢聚或者财源滚滚的地方,现在只听到痛苦的哀号。空气已经变成毒气,每一个人都呼吸着死亡的气息”(www.gutenberg.org/cache/epub/18247/pg18247-images.html)。

塞缪尔·巴特勒(Samuel Butler)在他的小说《埃瑞璜》(*Erewhon*)中也详述了人与机器的不正常关系,尤其是“机器工作簿”这一章(Butler 2005[1872])。小说紧跟着达尔文的《物种起源》(*On the Origin of Species*)之后出版。关于适者生存,巴特勒警告说人类有一天也许会失去对自己创造的机器的控制能力,人类花了几百万年才进化到现在的样子,其发展速度远远赶不上机器进步的速度,机器改进的速度似乎没有止境。巴特勒预计有一天机器会生成“思考”的能力,或者就是我们现在所说的人工智能。

机器能自我进化,自我管理,最终统治世界。巴特勒早有先见之明。他这样写道:“令我害怕的是它们正以超乎寻常的速度变化着,从前没有任何事物能有这样快的进步速度。我们是不是该用嫉妒的目光审视它们,并在有能力阻止的时候叫停它们的前进步伐?”(2005[1872]:ch. 13;Armytage 1968:52—4)。在埃瑞璜(埃瑞璜 Erewhon 是乌有乡 nowhere 的回文)社会,反机器人士确实揭竿而起,捣毁了机器。巴特勒认为有必要消灭19世纪末发展起来的更加先进的机器。

E.M.福斯特(E.M.Forster)也展示了一个科技将人类变为机器的奴役的未来世界。他的优秀短篇小说《机器停止运转》(*The Machine Stops*)中描绘的未来社会在后来的科幻小说以及20世纪 90 年代中期出现的数字世界中能找到相似的模式(1985[1909])。构思这篇小说的部分原因是要反击威尔斯关于机器文明和世界国的乐观预测(参见福斯特的分析,2015:217—21)。

福斯特描述了一个人类受控于机器而被分隔并失去行动能力的未来。每个人或多或少都生活在地下独立狭小的隔间里,通过大机器与外界交流。这里有一些飞船,但人们大多不旅行,因为他们没有会见他人的需要。每个人都完全依赖于机器,另外还有一本由这个世界国中央委员会出版的《机器工作簿》(*The Book of the Machine*)。

这些居住在地下小隔间里的人不能接触他人,失去了嗅觉,也没有空间感知能力。人们基本不旅行,只能通过大机器的网线听到、看到看似"认识"的其他人(类似于今天的脸书联系模式)。所谓"笨拙的公众聚会制度"(会议)早就被摒弃。信件通过"气动邮政"递送,与 20 世纪前半叶的商店寄信模式相似,但生活主要是以大机器为中心。福斯特笔下的未来无疑是黑暗的。

小说的主人公 Vashti 跟其他人一样厌恶地面上的生活,无法理解没有大机器的日子。她的房间里都是按键,按下去就能供水、供热、放音乐、送衣服、送食物,尤其是还能跟其他人交流。福斯特说这样她"就能和世上她关心的一切进行联系"(1985[1909]:111)。她被描写成"一块包裹着的肉……露着一张煞白的脸"(1985[1909]:108)。她从不离开她那狭小的房间,从不外出呼吸新鲜空气,也从不锻炼,因而肥胖到病态。并且,像这个社会里除了她"儿子"和极少的几个人以外的其他人一样,Vashti 对自己依赖于机器的生活非常满足。所有人都满足于过着由大机器控制的生活。

福斯特似乎已经预见到了互联网,尽管他所描绘的大机器的特性主要是机械的而不是数字的。在他的描述中，这个社会从事的研究主要是对大机器档案储存的已知知识进行再处理，我们今天管这种大机器叫互联网或者云。这里不允许科研人员走上地面进行研究。一位学者这样说明循环利用既有思想的合理性："要小心那些一手的新思想……新的一代应该是'完全不带思想色彩的'。"(Forster 1985[1909]:131)大机器像网络一样无法传递细微的表达，只能交流一个大概的想法，人们认为对于实际目的来说已经"够好"了(Forster 1985[1909]:110，参见 Carr 2010，关于数字淡化体验)。

然而，有一天，Vashti 的儿子联系她，让她出来跟他说话，并且强调"不要再用那个烦人的机器"跟他交流。Vashti 很不情愿地坐了两天的飞船到地球的另一端跟儿子面谈，这是一个很不寻常的行动(Forster 1985[1909]:109)。

就像福斯特笔下的世界一样，如今的人们也陷入了机器的控制，互联网通过亿万连接线将一切连接起来(www.brookings.edu/blogs/techtank/posts/2015/06/9-future-of-iot-part-2)。人们对机器存在依赖性，大机器一旦出问题，文明就要崩溃。没有互联网，也就没有了食物、水、电话、信用卡支付和交流。奈(Nye)对于现状的描写跟福斯特有几分相似："如果从美国城市和郊区的供应网络中去掉电力(或者汽油或者计算机)，它们将可能变得无法居住。"(2010:131;Foster 2015:219)

在福斯特小说的高潮部分，真的出现了一个可怕的机器故障。所有的电力都被切断，没有食物供应，空气无法循环流通。机器消亡前的最后几天，Vashti 看着她的小隔间外的景象吓坏了。人们在坟墓的墓穴间爬行，尖叫着，哭泣着，大口吸着气，互相之间碰来碰去。这些粗鄙不堪的人让她厌恶，像一场最糟糕的噩梦。她关上门，坐等末日降临。有爆裂声和轰隆声传来，灯光变暗，她意识到当能源耗尽，悠久的文明就会终结。因为没有足够的能量支撑，社会行将崩溃（Urry 2014b）。

但是她即将死去的儿子告诉她地面上有一群无家可归者——我们现在称之为群众（the multitude）——正在等待（Hardt，Negri 2006）。这些被社会摒弃的人藏身于迷雾、蕨叶丛中，等待着大机器的末日。然后，他们将重新开始，重新掌控生活，互相接触、交谈、感受，但不会再通过这个曾经无所不在现在已末日来临的大机器（Forster 1985：139—40）。小说的结局是人类只能通过那些被放逐、被边缘化、远离机器的人获得救赎。约翰·福斯特（John Foster）认同这一观点并指出"人类未来的希望在那些能看清事实并且面对邪恶仍能坚持真理的人身上"（2015：221）。

与福斯特形成对比的反乌托邦作品是阿道司·赫胥黎的《美丽新世界》（*Brave New World*，1991[1932]）。赫胥黎 1926 年在美国看到大众广告、心理调节、消费主义和享乐主义让大众俯首听命感到震惊，预见到科学的发展最终将使人类获得原来神灵才有的力量。《美丽新世界》中的世界国的基础是亨利·福特的流水线原则——大规模生产，统一性，可预见性，消费新产品。他认为美国代表未来，但这是一个恐怖的未来。福特被奉为新社会的神明，福特主义则是它的意识形态。生产传送带不仅生产亨利·福特开发的产品，还生产婴儿。大规模生产原则也被应用到了人类生物学领域（Kumar 1987：245）。

赫胥黎描述了公民如何从出生起就被干预训练得推崇消费。不断的消费和近乎全员的雇佣劳动以满足物质需求是世界国稳定的基础。婴儿也是通过我们现在所知的体外受精进行大规模培育。赫胥黎描写了如何培养儿童以确保其具有严格可控的能力，使其能够毫无怨言地适应新世界五个阶层的某一层。儿童自出生起就接受巴普洛夫条件反射训练，他们不会生病，每个人的寿命一样（大约 60 岁，到年龄就安乐死），没有婚姻或者对性忠诚的要求，也没有战争。

因此，在一种仁慈的独裁统治下，通过各种训练和药物“索麻”的控制，臣民乐于臣服。这个世界国开发的迷幻药确保没有药物副作用，让大家欢乐度假。《美丽新世界》的统治者就这样让人们爱上了他们被奴役的状态。赫胥黎接着写道：“《美丽新世界》中，麻醉性的不断刺激……被蓄意利用作统治工具，是为了防止人们过于关注他们的社会和政治现实状况。”（1965[1958]：36—7）总的来看，赫胥黎担忧太多的娱乐、消费和药物麻醉将使每个人变得被动消极，外表幸福，浑然不知实际上他们正被“操控”。电影《楚门的世界》（*The Truman Show*，1998）中的主人公就生活在一个完美的电视真人秀节目里，这正是《美丽新世界》的当代版。许多后来的评论家发展了赫胥黎的观点，指出消费主义是大众的新鸦片。

奥威尔（Orwell）的《1984》（*Nineteen Eighty-Four*，2008[1949]）可能是最伟大的反乌托邦小说，书中描写的对大众的控制稍有不同。在第一页，Winston Smith 注视着到处贴着的海报，上面写着：“老大哥在看着你。”一种被称为“电幕”的东西安装在居民家中和办公室里（包括占据人口 85%的无权无势的无产者）。

这种电幕可以作为电视机和计算机屏幕在房间里使用，同时国家可以通过它看到、听到每个房间里发生的一切（参见 http://rt.com/uk/230699-samsung-tv-listens-privacy，关于实现这些功能的可能性）。就像现在的闭路电视摄像头，你不知道是不是有人正在监视你。居民住在一个电子圆形监狱里。奥威尔写道：“你不得不活着——也确实出于习惯变成本能地活着——预先设想你发出的每一个声音都被听到，除了在黑暗中，每一个举动也都被监视。”(2008[1949]:5)还有一种“表情犯罪”，就是意料之外的事情被报道时，盯着电幕做出不适当的表情(Orwell，2008[1949]:65)。

奥威尔还描述了小说中几乎所有的写作都涉及的读写器，类似于我们今天的声音识别软件。手写已经变得有些多余，甚至还有了写小说的机器。

Smith在真理部工作的时候，各种气动管道输送着在屏幕上阅读的纸质版文本。他在报纸新闻报道之类的纸质版文本上做标记，改变文本，篡改历史。这些文本再通过气动管道传送回去。气动管道恰好出现于19世纪晚期，它们象征着技术进步，人们普遍认为它们将得到广泛应用。儒勒·凡尔纳的反乌托邦小说《20世纪的巴黎》(*Paris in the Twentieth Century*)描写了悬浮气动管道火车穿越大洋(1996[1863但直到1994年才出版])。还有人预见了海底管道运人速度快过飞机，另外一些分析人士认为食品也可以通过气动管道递送到每个家庭。

Winston Smith开始写日记的时候，他的做法是用老式钢笔手写在笔记本上。这样做是为了避免读写器留下记录。写日记本身并不犯法，因为根本没有法律，奥威尔以此暗指法西斯国家的统治无法可依。《1984》写于1946到1948年间，处于一党专政的集权主义时代，宣传机构的歪曲事实已经变得明显。奥威尔批判了各种宣传和监控技术，我们也因此了解到现代国家和公司利用了各种版本的“新语”①。

奥威尔写到新语是如何被用来“缩小思想的范围，通过将词汇量减到最少来间接促成这一目的实现”(2008[1949]:313)。逐渐

① Newspeak，一种指东说西、模棱两可的官腔。——译者注

减少词汇量的一个后果就是各种“事实”消失进入“影子世界”(Orwell 2008[1949]:44,290),就像《1984》中的人失踪便立即被官员从历史中删除。最后,为真理部工作的 Winston Smith 自己也被历史删除。

在奥威尔看来,这个社会的目标就是权力本身——建立和保持独裁,由权力的代表施行,通过控制人们的思想加以实现。人们并不知道统治政权的成员是谁。Winston Smith 遭受了七年的监视,在长期抗争之后,最终崩溃。他愉快地学会爱上老大哥,丧失了自我,最后声称 2 加 2 等于 5(Orwell 2008:311)。《1984》剖析了未来社会权力构成的机制,尤其是监视技术在新的权力世界所发挥的危险作用。

在此讨论的最后一个反乌托邦未来出自一个不同体裁的作品:夏洛特·珀金斯·吉尔曼(Charlotte Perkins Gilman)的短篇小说《黄色壁纸》(*Yellow Wallpaper*,1892;www.publicbookshelf.com/romance/wallpaper/yellow-wallpaper)。小说描述了禁锢对主人公精神健康的摧残并最终导致其患上精神病。女主人公整日待在自己的房间,慑于丈夫的淫威而无力逃离,在与世隔绝的情况下,她沉迷于房间里黄色壁纸的花纹和颜色。最后,她出现了幻觉,以为壁纸花纹后面有女人爬行,而她就是其中的一个。她把自己锁在房间里,拒绝离开,这是她认为唯一安全的地方。后来的女性主义科幻小说探讨了许多相似的父权禁锢文本以及可能出现的不同的女性主义未来。

结论

至此,我提出了到上世纪中期为止英语文化中关于未来预测的一些主要节点。本章探讨了各种“社会未来”，展示了有关乌托邦和反乌托邦式未来社会的预测简史，提出了一些在后续章节中将会进一步展开讨论的话题，研究如何预测未来社会。

尽管不可能“知道”我们的未来是什么样的，大多数社会都有自己的步骤和话语用于预测未来，谈论未来，并在一定程度上了解未来，无论这个预测的未来是在神灵或人类的掌控中。人们对未来进行了想象、预测、神化、预言和讲述，这些预言未来的方式被称作“昔日未来学”，它们为后来的未来预测提供了关键的术语和关注点。本书第一部分第2章探讨了出现在本世纪最初几年的大量反乌托邦式未来的新预测，由此转向社会思想中的新灾变论讨论。

3 新的灾变论未来学

经济增长及其他

在 20 世纪 90 年代的西方，似乎即将出现一个光明的新未来，即建立在资本、人口、思想、影像、信息和物资流动快速增长基础上乐观的乌托邦式的全球化。如此大规模的流动性和强劲的经济增长被看作是共享地球、新经济、国际友好、全球化政治、国际理解等理念以及信息交流更加开放和共同作用下的社会转变。世界更趋向于无边界，人们获得了全新的体验、技术、产品、旅行的可能和机会（Ohmae 1990）。尤其重要的是网络数字乌托邦主义带来超乎预期的虚拟世界和许多崭新的经济和社会机会（Turner 2006）。

20 世纪 90 年代这种“全球乐观主义”带来了一个进步开放的未来。约瑟夫·斯蒂格利茨（Joseph Stiglitz）曾谈到西方“喧嚣的（20 世纪）90 年代”（2004，2007）。西方在“赢得”冷战之后，开始尝试用美食、产品、健身美体、名胜古迹、服务、朋友、家庭和体验把世界打造成一个无国界的强调全球消费和机会共享的乌托邦。对于西方以及其他地方的许多人来说，似乎经济增长和无国界世界就要成为常态。

然而，20世纪90年代实际上并没有开启这样一个长期的、乐观的无国界乌托邦，而更像是极度奢华和堕落的世纪末，预示着灾难的降临。灾难在2001年9月11日降临，纽约世贸中心双子塔遭遇令人震惊的袭击（同样戏剧化的是2000—2002年间网络企业的崩溃）。媒体展示的堕落的“喧嚣的90年代”的结局及其乌托邦式想象的破灭导致人们对新世纪做出各种末日来临的前景预测。“9·11事件”中的纽约比大众媒体上曾出现过的任何景象都更加反乌托邦（Urry 2002），但它又很快被另一个反乌托邦事件超越，2003年伊拉克战争初期，巴格达遭受“震慑和恐吓”性轰炸。美军前列兵罗伊·斯克兰顿（Roy Scranton）将他在这次轰炸中的经历描述成亲临“世界末日”（2013）。

可见全球化过程中有许多反乌托邦的阴暗面。恐怖分子越境而来，他们拒绝接受西方鼓吹的乌托邦，一起进入的还有环境危险、军事武装、流行病、贩卖妇女、毒品走私、国际犯罪、劳务外包、奴隶贩卖、色情作品、寻求避难者、赌博、偷渡劳工、垃圾越境转移、金融风险以及大量逃税资金流。新型的“流动”研究记录了以上种种相关迁移（Urry 2014a；参见 Kloppenburg 2013 关于毒品走私）。

这些迁移意义重大，产生了社会思潮中所谓的“新灾变论”，涌现了一批主要基于复杂系统视角的社会科学反乌托邦分析。灾难的产生源于人类活动的系统性恶果，它们贯穿于金融、气候、宗教、食品、水、安全和能源系统（Walby 2015）。

社会经历的长期转变尤其重要，费尔南·布罗代尔（Fernand

Braudel)将其称为“长时段”，它与对短期事件的关注相反。布罗代尔认为“历史的流逝是难以觉察的，是关于人与环境关系的历史，是不断循环往复的历史，变化缓慢”(1972:20)。历史的转变只有在回顾历史的时候才能发现，历史断层中的结构性改变只有在改变发生后才被注意到。我们不应该被各种事件迷惑，而应该专注于长时段的常常不易觉察的转变。

这些长期的改变涉及雷蒙德·威廉斯(Raymond Williams)所谓的“情感结构”。他的阐述如下：

> 选择“情感”是为了强调与“世界观”或“意识形态”这些正式概念的区别，不仅是因为我们必须超越正规的系统思想……我们关注意义和价值，因为它们是活生生地被感受到的，不是对立于思想的情感，而是感受到的思想和思考后的情感：是当前的实际意识，富有活力，互相关联并且连续不断。我们将这些元素定义为一种“结构”：一种有着特性、内在关联、同时处于联锁和紧张状态的装置。(Williams 1977:132)

因此，预测未来的一个重大难点是如何发现情感结构的长期转变，包括感受到的思想和思考后的情感。我提出未来是“社会的”，也就是强调长时段的转变，即情感结构中的结构性改变，生活在某一时期的人常常很难发现这样的转变。尽管当时很少有人发现，结果却是这些转变带来了长远的后果。(参见 Turner 2006，关于第二次世界大战后发生的一些结构性转变)

这样的情感结构有点像“暗物质”，据说它是迄今为止宇宙最普遍的特征。这样的暗物质无法被观察，但会通过引力影响其他物质。与此类似，情感结构影响社会群体和社会机构的力量，也难以被察觉和记录，尤其是难以衡量。未来预测依赖于发现长时段转变，尤其是情感结构的转变，它就像暗物质，能够改变不同系统的引力，进而改变社会机构、群体、行为的作用、分量和重要性。

因此我认为在喧嚣的20世纪90年代的乐观主义烟消云散之后，在北部发达国家出现了情感结构或者时代潮流的重大转变。众多社会和科学思想中的长期灾变论出现在2003年后的许多著作中。英语著作有：《我们的最后一个世纪》（*Our Final Century*, Rees 2003）、《崩溃：社会如何选择兴衰存亡》（*Collapse: How Societies Choose to Fail or Survive*, Diamond 2005）、《大灾难和小灾难：物种大灭绝的原因》（*Catastrophes and Lesser Calamities: The Causes of Mass Extinctions*, Hallam 2005）、《派对结束：石油、战争和工业社会的命运》（*The Party's Over: Oil, War and the Fate of Industrial Society*, Heinberg 2005）、《下一次世界大战：部落、城市、国家和生态退化》（*The Next World War: Tribes, Cities, Nations, and Ecological Decline*, Woodbridge 2005）、《绝境中的希望：灾难、创造性和文明的新生》（*The Upside of Down: Catastrophe, Creativity, and the Renewal of Civilization*, Homer-Dixon 2006）、《紧急深渊：逃出灾难重重的21世纪》（*The Long Emergency: Surviving the Converging Catastrophes of the 21st Century*, Kunstler 2006）、《盖亚的复仇》（*The Revenge of Gaia*, Lovelock 2006）、《全球灾变简介》（*Global Catastrophes: A Very Short Introduction*, McGuire 2006）、《热：如何阻止地球的燃烧》（*Heat: How to Stop the Planet from Burning*, Monbiot 2006）、《当河流枯竭》（*When the Rivers Run Dry*, Pearce 2006）、《自杀的星球：如何防止全球气候灾难》（*The Suicidal Planet: How to Prevent Global Climate

Catastrophe, Hillman, Fawcett, Raja 2007)、《休克主义：灾难资本主义的兴起》(*The Shock Doctrine*: *The Rise of Disaster Capitalism*, Klein 2007)、《一场灾难的现场手记：气候变化最前沿报告》(*Field Notes from a Catastrophe*: *A Frontline Report on Climate Change*, Kolbert 2007)、《变化的风：气候、天气和文明的毁灭》(*Winds of Change*: *Climate*, *Weather and the Destruction of Civilizations*, Linden 2007)、《沙尘：文明的腐蚀》(*Dirt*: *The Erosion of Civilizations*, Montgomery 2007)、《速度与力量：科学家为什么害怕气候变化的拐点》(*With Speed and Violence*: *Why Scientists Fear Tipping Points in Climate Change*, Pearce 2007)、《下一个灾难》(*The Next Catastrophe*, Perrow 2007)、《风暴眼：可持续发展和气候变化应对的全面研究》(*The Eye of the Storm*: *An Integral Perspective on Sustainable Development and Climate Change Response*, Riedy 2007)、《最后一次石油危机》(*The Last Oil Shock*, Strahan 2007)、《不确定的未来：法律执行、国家安全和气候变化》(*An Uncertain Future*: *Law Enforcement*, *National Security and Climate Change*, Abbott 2008)、《气候灾害：气候变化对外交政策和国家安全的影响》(*Climatic Cataclysm*: *The Foreign Policy and National Security Implications of Climate Change*, Campbell 2008)、《崩溃再现：苏联的前车之鉴和美国的未来前景》(*Reinventing Collapse*: *The Soviet Example and American Prospects*, Orlov 2008)、《全球灾难与趋势：下一个五十年》(*Global Catastrophes and Trends*: *The Next Fifty Years*, Smil 2008)、《处于危险中的世界》(*World at Risk*, Beck 2009)、《时间到！解决全球危机的原始方法》(*Time's Up! An Uncivilized Solution to a Global

Crisis, Farnish 2009)、《世界又热又平又挤》(*Hot, Flat and Crowded*, Friedman 2009)、《为什么我们对气候变化的意见有分歧》(*Why We Disagree About Climate Change*, Hulme 2009)、《直到最后一刻：面对气候崩溃》(*Down to the Wire: Confronting Climate Collapse*, Orr 2009)、《同理心文明：在危机四伏的世界中建立全球意识》(*The Empathic Civilization: The Race to Global Consciousness in a World in Crisis*, Rifkin 2009)、《气候难民》(*Climate Refugees*, Collectif Argos 2010)、《物种挽歌》(*Requiem for a Species*, Hamilton 2010)、《后碳时代读本》(*The Post-Carbon Reader*, Heinberg, Lerch 2010)、《盖亚消失中的脸：最后的警告》(*The Vanishing Face of Gaia: A Final Warning*, Lovelock 2010)、《愚人金：失控的贪婪如何毁了梦想，乱了全球市场，引来灾难》(*Fool's Gold: How Unrestrained Greed Corrupted a Dream, Shattered Global Markets and Unleashed a Catastrophe*, Tett 2010)、《子孙的风暴：即将来临的气候灾难真相和拯救人类的最后机会》(*Storms of My Grandchildren: The Truth about the Coming Climate Catastrophe and Our Last Chance to Save Humanity*, Hansen 2011)、《无序地带》(*Tropic of Chaos*, Parenti 2011)、《生于末世：更新版》(*Living in the End Times: Updated New Edition*, Žižek 2011)、《灾难丛生》(*Convergence of Catastrophes*, Faye 2012)、《大分裂：气候危机如何改变全球经济》(*The Great Disruption: How the Climate Crisis Will Transform the Global Economy*, Gilding 2012)、《灼人的问题：不能烧掉世界一半的石油、煤炭和燃气，那么如何退出?》(*The Burning Question: We Can't Burn Half the World's Oil, Coal and Gas. So How Do We Quit?* Berners-Lee, Clark 2013)、《难燃煤炭

2013：浪费的资本和搁浅的资产》(*Unburnable Carbon 2013：Wasted Capital and Stranded Assets*，Carbon Tracker 2013)、《资本主义还有未来吗?》(*Does Capitalism Have a Future?* Wallerstein，Collins，Mann，Derluguian，Calhoun 2013)、《知识：如何从头再建世界》(*The Knowledge：How to Rebuild Our World from Scratch*，Dartnell 2014)、《无尽的危机？揭开西方繁荣的面纱》(*Crisis Without End? The Unravelling of Western Prosperity*，Gamble 2014)、《一切因之改变：资本主义与气候》(*This Changes Everything：Capitalism vs. the Climate*，Klein 2014)、《福岛之后：灾变的等值》(*After Fukushima：The Equivalence of Catastrophes*，Nancy 2014)、《西方文明的崩溃：未来预测》(*The Collapse of Western Civilization：A View from the Future*，Oreskes，Conway 2014)、《弹性红利：在糟糕的世界保持强大》(*The Resilience Dividend：Being Strong in a World Where Things Go Wrong*，Rodin 2014)、《第六次灭绝：非自然史》(*The Sixth Extinction：An Unnatural History*，Kolbert 2015)、《灾变时代：抵抗未来的野蛮》(*In Catastrophic Times：Resisting the Coming Barbarism*，Stengers 2015)以及《犯罪与灾难：后启示录小说和社会秩序危机》(*Crime and the Imaginary of Disaster：Post-Apocalyptic Fictions and the Crisis of Social Order*，Yar 2015)。

同时期，许多大学也设立了研究人类社会可能崩溃的研究中心/项目，其中有剑桥现存风险研究中心(The Centre for the Study of Existential Risk in Cambridge，参见 http://cser.org/resources-reading；www.newstatesman.com/sci-tech/2014/09/apocalypse-soon-scientists-preparing-end-times)，牛津大学人类未

来研究所(Future of Humanity Institute，www.fhi.ox.ac.uk)以及普林斯顿大学全球系统性风险项目(Global Systemic Risk Project，www.princeton.edu/piirs/research-communities/global-systemic-risk)。

应对极端事件的新金融工具不断出现，如巨灾债券，此类债券的购买者实际上出售了“灾难保险”(Appadurai 2013：296—8)。对冲基金雇用数学家团队计算意外风险的可能性，因为过去和现在都无法预测其可能性，但从统计角度看，未来仍会偶发意外的灾难。

许多电影、书籍和艺术展览都表现了这种大灾变论的情感结构。娜奥米·克莱恩(Naomi Klein)说这类写作现在非常流行(http://bostinno.streetwise.co/2014/12/26/the-divergent-effect-dystopia-genre-reflects-climate-change-fears)。卡罗尔(Carroll)指出现在很多文化干预活动显示了“文化庙宇的注定厄运”(2008；Beckett 2011)。伊恩·麦克尤恩(Ian McEwan)的《追日》(*Solar*)就是一个例子。书中诺贝尔奖获得者、气象学家 Michael Beard 做了末日预言：“基本科学原理起作用了。我们要不把步子放慢直至停下来，要不就在我们的第三代的有生之年面临巨大的经济和人类灾难。”(2010：149)其他反乌托邦的著作和电影还有：科马克·麦卡锡(Cormac McCarthy)的《路》(*The Road*，2006)、阿方索·卡隆(Alfonso Cuarón)的电影《人类之子》(*Children of Men*，2006)、马赛尔·泰鲁(Marcel Theroux)的《极北》(*Far North*，2009)、法郎妮·阿姆斯特朗(Franny Armstrong)的电影《愚昧年代》(*The Age of Stupid*，2009)、玛格丽特·阿特伍德(Margaret Atwood)的《洪水之年》(*The Year of the Flood*，2010)、《饥饿游戏》(*The Hunger Games*，2012)、纳撒尼尔·里奇(Nathaniel Rich)的《明日

堪忧》(*Odds against Tomorrow*, 2013)、《赐予者》(*The Giver*, 2014)、《分歧者》(*Divergent*, 2014)和《疯狂的麦克斯:狂暴之路》(*Mad Max-Fury Road*, 2015)。奎南(Queenan)指出我们正"处于反乌托邦电影的黄金时代……反乌托邦电影如海啸般汹涌而来"(www. theguardian. com/film/2015/mar/19/dystopian-films-blade-runner-insurgent-future-grim)。

萨拉·霍尔(Sarah Hall)的《卡呼伦军队》(*The Carhullan Army*)是另一个例子。小说表现的是英国在遭遇全球经济崩溃和大规模洪灾之后面临的萧条局面(2007)。石油和生物燃料需要配给供应,电力限供,美国慈善机构运来罐头食品供应居民。在一次人口普查之后,人们被赶到城市中心。但在远离伦敦的地方有一处卡呼伦军队营地,这是女权主义者最后的堡垒。一个姑娘逃离压抑的婚姻后在卡呼伦旁遇见了一群离群索居的女人,其中一位宣称:"我对伦敦没有兴趣,伦敦完了。我们的国家已不再是从前的样子。仔细想一想,现在没有统一的管理,我们又回到了过去地方分治的状态。"(Hall 2007:104)然而,生活在卡呼伦的人不得不在贵族的统治下从事繁重的农业劳动,这种与伦敦不同的统治方式恰恰就是人们过去所摆脱的压迫统治。这一悲剧结局能令人更好地理解在荒凉的北部山区从事艰苦农业劳动的人们的困境。

崩溃的社会?

许多这样的反乌托邦未来预测都表达了一个观点,即人类社会极具延续性的发展和进步不是必然的,社会可能会崩溃。这些著作质疑了人类生活发展一直向好的观点,在格利尔(Greer)看来,我们正走向《后发展》(*After Progress*, 2015)时代。这些著作指出社会有可能出现系统性的逆转，有些还用到“经济紧缩”的说法，表明这些都直接影响人们的生活和消费水平，导致年轻一代没有“未来”，并威胁到公众利益(www.austerityfutures.org.uk)。

社会的灾难性崩溃将导致人类知识消失，达特内尔(Dartnell)对此后果进行了有意思的研究。他探究了如果要白手起家重建家园，最初只有最基本的原理可循，人们必须做些什么。基于现代生活所需要的各种知识的相互依赖关系和社会属性，他阐述了这项工作需要的时间和资源。他以铅笔这一最简单的技术产品为例，说明制造出一支铅笔所需要的各种不同知识的利用和组合令人惊讶(Dartnell 2014:4;参见 Allwood,Cullen 2012)。

达特内尔的著作提出了一个问题，即社会到底是什么？其空间、时间和资源的先决条件是什么？齐美尔则直接发问：“社会何以成为社会?”(1910)上世纪中期这个问题在社会学领域有很多讨论，尤其是塔尔科特・帕森斯(Talcott Parsons)曾指出社会学应该关注规范社会秩序的方式，也就是常常被称作霍布斯社会秩序问题的课题(Parsons 1968[1937])。

霍布斯对于自然状态有如下阐述：

> 工业无立足之地，因为其效果不明，结果也就没有农业，没有航海，没有海运进口的商品，没有宽敞的建筑，没有运送需要巨大运力的物件的工具，没有关于地球的知识，没有历史记录，没有艺术，没有文学，最糟糕的是持续的恐惧和暴死的危险。人类过着孤独、贫穷、粗俗、野蛮、短暂的一生。(www.bartleby.com/34/5/13.html)

霍布斯认为需要一个强大的利维坦(Leviathan)来避免所有

人对所有人的战争。人们愿意交出自由，通过和利维坦签订社会契约来保证工业、农业、艺术等的发展，结束人类原本粗俗、野蛮和短命的生活。

相反，帕森斯认为秩序问题不是靠一个强大的利维坦国家来解决的，而是要通过社会成员共有共同的行为规范和价值（1968[1937]）。这种对于规范的认同保证了社会的一体性而不至于崩溃。帕森斯强调"美国或者西方"社会的价值和规范对于解决秩序问题很关键，使社会有可能确保人类不再过着粗俗、野蛮和短命的生活。帕森斯思想的基础是将个人和社会的分析层面看作完全割裂的。后来的社会学理论批评这种割裂，而强调个人和社会的合作共存关系。如诺贝特·埃利亚斯（Norbert Elias）指出个人和社会不是分离的个体，而是融入了社会关系的"形态"或者网络之中（2012[1939]）。

前文提及的许多灾变论著作都提出社会秩序行将崩溃，因为我们既没有一个强有力的利维坦又没有共同的社会规范和价值。此外，这些著作大都进一步声称人类、社会和物质环境共同构成了人类生活。格雷戈里·贝特森（Gregory Bateson）曾说"生存单位是生物体加环境……生物体毁灭环境的同时也毁灭了自己"（引自 Welsh 2010：34）。社会实践在物质环境中并且通过物质环境进行，传统的马克思主义社会理论对物质环境有深入研究，但在 20 世纪，这种社会的物质依赖性理念大都被忽视。人们认为利用地球资源，尤其是人类社会融入的"能源环境"，是可以无所限制的，并且不会产生不利后果。

这些灾变论分析大都说明人类社会并没有解决当今社会病态的资源基础所带来的问题。在里夫金看来，原因在于这些社会先假定能源能确保更高水平的消费和通信交流（2009）。反乌托邦著作的核心就是没有安全的、有保证的、可持续的“能源供给”这一棘手的社会“能源问题”。能源为社会提供生存的“氧气”，如果不能给适当的地方长期供应适当的能源，交流和社会都无法存在(Motesharrei，Rivas，Kalnay 2014)。

煤炭、燃气和石油等化石燃料占当前能源使用量的4/5。燃烧此类燃料将热能转化成其他能量的技术是过去300年最重要的能源转化方式(Urry 2014b)。确实，西方文明本质上并不比其他地方的文明高明，但正是对像煤炭、石油和燃气等改变气候的碳能源的高速开发利用，才使得这些西方能源转化利用者决定了世界的走势，并开启了一个全新的地质年代，下文将会加以讨论。

人类及其能源环境的重要性促使学者们就人类社会和其他物种做出更多思考，由此出现了“均变论”和“灾变论”之争。均变论认为相同的自然法则和演变过程一直在发挥作用，历史上没有出现巨大的断裂或分裂。与之相反，灾变论则认为地球历史上出现过断裂和分裂。因此，一些特定的物种消失了；实际上曾经在地球上生活过的物种中的98%据说已经灭绝。据估计现在物种灭绝的速度之快已是前所未有(Hallam 2005)。

过去十年左右，灾变论获得了更广泛的认同，部分原因是人们对于过去大规模物种的灭绝了解得更多。特别重要的一次是6 500万年前白垩纪末一颗直径10千米的小行星撞上了地球。它带来的破坏相当于一个核冬天，使得地球上的生物灭绝了70%，包括当时的优势物种恐龙。另一种有争议的说法是当时大范围的火山活动导致了这一重大的物种灭绝。

除了一些科幻小说作家，学术界的评论家们也越来越多地提出人类社会可能会消失(参见 Kolbert 2015)。认为人类社会构成了地球上既定的永不改变的要素的立场似乎已经不正确了。分岔点已经出现，人类社会到了转折点，有可能出现毁灭性的崩溃。本世纪初开始，社会裂变论观点蓬勃发展，各种分析家们阐述社会崩溃说，但他们强调的不再是小行星的作用，而是“人为”的改变作用。

崩溃说取材于考古学家约瑟夫·泰恩特(Joseph Tainter)的著作《复杂社会的崩溃》(*The Collapse of Complex Societies*)。他在书中写道：“无论我们多么想把世界历史中的自己看得如何与众不同，事实上工业社会也受制于同样的导致早期社会崩溃的原则。”(Tainter 1988:216)对于短期问题来说，社会在各个方面都变得越来越复杂。人们认为导致社会崩溃的原因不是外部的打击而是内源性的经济、社会和资源发展进程。不断增长的复杂性需要更高质量的能源，但这些增加的能源通常获得的回报越来越少。能源问题和环境问题逐渐结合起来，跨越界限变得更加严重，后果无法预计，最终导致一些社会崩溃直至消亡。

像许多当代作家一样，泰恩特也将当今社会和历史上两个不幸事件进行类比：罗马帝国的陨落和公元800年中美洲尤卡坦半岛上玛雅文明的衰亡。第二个事件中的玛雅文明存在了至少500年，在那期间发展了复杂的技术、数学、天文、建筑和文化。但在其最辉煌的时期，玛雅文明却突然停止了。纪念碑不再建了，宫殿被烧毁，湖泊淤塞，城市被废弃，几百万人口中的90—99%突然消失(Motesharrei，Rivas，Kalnay 2014:91)。玛雅文明就像一辆不断加速的汽车，越开越快直至爆炸，瞬间消失。玛雅文明所经历的与对物种数量的复杂系统分析结果很相似。物种数量能快速增长，也同样能迅速减少。生活在一个特定环境中的物种数量不会一直直线上升(May 1974；参见第4章)。

一些评论家指出大多数文明只能持续几百年。我们也许会说

“西方文明”自文艺复兴起已经存在了600年，因此就像强大的玛雅文明一样，它也可能会走向“末日”。快速增长的人口正超过能源的增长，尤其是当社会变得更加复杂、对能源的需求急剧增长的时候(Motesharrei，Rivas，Kalnay 2014)。过去的社会之所以崩溃是因为在最辉煌的时候社会系统没有能够确保人口得到足够的能量供给，它们衰败在巅峰时期，而不是在经历长期的衰退之后(Carroll 2008)。

现在的我们能从中得到什么教训？在石油和电力时代之前，世界人口大约是20亿。但是随着上个世纪社会石油的大量使用和电气化，世界人口变成原来的三倍，高达60亿。海因伯格(Heinberg)认为在本世纪60亿的世界人口会急剧减少到20亿，回到能源需求大幅上升前的1900年的人口数(2005：196)。这样的人口减少类似罗马和玛雅文化衰落时的社会崩溃规模。许多灾变论分析家建立了能源社会学(Tyfield，Urry 2014)，他们研究社会组织、行为与能源基础的关系以及始料未及的环境后果。

各种悲观的分析声称一个新的黑暗时代即将到来，预测中常使用警示性的语言和灾变的概念。英国皇家学会前主席马丁·里斯勋爵(Lord Martin Rees)有些耸人听闻地说人类在21世纪生存的可能性是1∶2(2003)。贾雷德·戴蒙德(Jared Diamond)的畅销书《崩溃》(*Collapse*)是此类预测的一本重要著作。书中尝试解释为什么众多过去的社会会衰落，留下被毁的或者被丢弃的庙宇、金字塔和纪念碑(2015)。为什么强大如高棉帝国和玛雅社会会放弃他们倾注了几百年心血的家园？

戴蒙德的答案是环境问题通过“生态灭绝”导致了社会的“崩溃”：部分是由自己导致的生态灾难。尤其是下面八种破坏环境的行为难辞其咎：砍伐森林和破坏动植物栖息地；土壤问题；水资源管理问题;过度捕猎;过度捕捞;外来物种对本地物种的影响;人口增长;个人对于环境的影响力增加。戴蒙德的阐述强调人口如何增长,如何过度使用自然资源,尤其是能源到达其承受极限,这更多地发生在社会发展的巅峰时期。

他还指出在21世纪,人为引起的气候变化、环境中有毒化学物质的积累和能源短缺将导致突然的灾难性倒退或衰退,包括造成大量植物、动物和人类死亡的全球气温升高、石油耗尽、许多社会越来越缺失恢复能力、全球经济和金融危机、人口崩溃、加剧的资源战争以及巨量的粮食短缺。简而言之,这些相互依赖的社会-生态进程构成了一个巨大风暴,类似于曾经在历史文明中造成"社会崩溃"的灾难。这些困境慢慢地,难以觉察地击倒了看似能源供给基础充足的优势系统。

灾变论观点曾经成为BBC晚十点新闻节目的头条,被加以详细报道(Urry 2011:ch. 1)。这条大幅的BBC新闻报道提出到2030年世界将面临由失控的气候变化、水、食物和能源大量短缺以及人口增长共同作用造成的灾难性的"巨大风暴"。这个关于可能出现的巨大风暴的分析引用了许多记者关于世界各地新发生的事件报道,均表明这样一个风暴已经形成。BBC报道指出,如果不出现系统逆转,世界很快就会面临一系列连锁式的灾难,导致大量人口更加贫穷,无力迁移,更加饥饿,并为了越来越匮乏的资源而争斗。

许多评论家将当前的地质历史时期称为"人类世",更进一步地强化了灾变论分析。这一纪的特征是飞升的二氧化碳水平、水土急速的流失、大规模的物种灭绝、生态系统干扰以及海洋酸化。人类世可以被看作地质历史上有期限的一个时期,分析家们展示了物质世界充满了变化、悖论和矛盾,没有永恒不变的秩序。斯拉沃热·齐泽克(Slavoj Žižek)写道:“自然本身就是一个大灾难。石油,我们的主要能源—— 你能想象地球上发生了什么样的巨大生态灾难才产生了这些石油矿藏? ……自然已不再是地球母亲……自然是失衡的。”(www.democracynow.org/2008/5/12/world_renowned_philosopher_slavoj_zizek_on)

本书提出了一些复杂理论的理念,第4章将详细阐述。基本假设是没有一个不变的稳定状态,也没有建立平衡以达到稳定的运动过程。物质世界和社会中,“不可预测性和规则约束形成的独特的组合,在很大程度上决定着我们的生活”(Ball 2004:283)。因此存在模式化的、固定的、规则约束的系统;这些规则约束的系统组合运动能产生各种出乎预料的后果;无法预测的事件割裂并突然改变看似受规则约束的永久存在的模式。这种观点强调人际、系统和社会网络是暂时的,其间不一定有一个寻求平衡的运动过程。“正常”状态就是失衡状态。因此,就物种拥有数量来看,各物种的个体数量极其不平均,刚进入某一特定地区有可能急剧上升,最后也可能急剧下降,有繁荣期也有萧条期。系统因此是复杂的,物种拥有数量走势曲线易受初始条件和历史进程的影响(May 1974:xiv—xv)。

在各种著作中,政策并没有像政策制定者常常宣称的那样直接维护平衡状态。事实上,各种因素的干预会导致与预期相反的结果,或者接近相反的结果。因此,决策的目标本来是某一个结果,由于复杂系统的作用却产生多个意料之外的结果,与原先谋求的目标截然不同(Urry 2003)。造成这种现象的一个原因是看似微小却具有潜在重要性的“黑天鹅”事件的作用,这类事件往往出乎人们的意料,发生的可能性很小,但却能产生巨大的影响。最近的一个黑天鹅事件就是暴力手段的成本急剧降低(Walby 2009)。

在马克斯·韦伯之后，通常人们认为“国家”是一个实体，成功地拥有在特定领土内合法使用暴力的特权(1948[1919])。由于拥有这样的特殊控制权，现代国家可以合法地强加意愿，维护和平，保护国民，通过适用于所有人的法律。这一国家概念是建立在暴力手段的规模、成本和有组织的复杂性增加的基础上的。国家将变得更加强大，拥有控制边界的合法地位和能力来对抗其他国家。如安德森(Anderson)所说，20 世纪的前半叶见证了国家体系的建立，其中每一个国家都获得了更多的特殊控制权，对民主社会的“想象共同体”施加压迫(1991)。

然而，许多灾变论作品强调最近几十年的全球性进程致使民族社会分裂，拥有暴力手段专有控制权的强大合法民族国家不再能够统治它们(Urry 2000)。暴力手段的成本也急剧降低。由于新材料和超市、互联网等武器销售新渠道的出现，规模经济成为可能，武器已经变成资本主义商品，其价格大幅下降，武器成为了消费选择对象和风尚。据来自美国的报道，因为发生在康涅狄格州纽顿的史上最惨烈的美国校园枪杀案(2013 年 12 月)罪犯使用了 AR-15 半自动步枪，这种枪就变得特别“时髦”，卖得特别好，成为许多美国人渴望购买的枪支(www.nytimes.com/2013/02/03/business/the-ar-15-the-most-wanted-gun-in-america.html?_r=0；Walby 2009)。

许多其他种类的枪支、火箭弹、无人机和炸弹等，点击鼠标就可以在网上购买，暴力手段不再是一种垄断。价格低廉的暴力武器数量增多对传统国家造成巨大损失，“新型战争”激增(Hardt，Negri 2006；Kaldor 1999)。灾变论作品探讨的新型战争彻底推翻了内部和外部、侵略和压制、地域性和全球性的传统区别。新型战争更多基于身份认同而不局限于领土范围；出现了长期的游击和/

或恐怖行动；暴乱制造者经常来自其他国家或大洲；抵抗组织可能受到国际犯罪组织的资助；他们通常使用便宜的轻型武器，但其精良程度堪比正规军武器；有些战斗人员是非正式的，包括儿童；开战或者停火都不会公开宣布。同时，许多正式"国家"的正规军事和安全行动被外包给开价便宜、作战规则不严的私营安保公司。目前正在中东和北非地区发生的就是新型战争。

在大多数社会，新型战争增加了暴力和"不安全"的可能。并不是说它造成的死伤超过上世纪前半叶国与国之间的大型战争（尤其是1914—1918的第一次世界大战），而是如哈特（Hardt）和奈格里（Negri）所说，新型战争可能发生在许多不同的地方和不同的时间（2006）。战争特征不再显而易见，而是与犯罪、恐怖主义、毒品、强奸和其他人与人之间的暴力行为交叉结合。有些社会甚至将战争和暴力体制化，持续时间长且不知何时结束。国家几乎不可能中止暴力，尤其是当国家本身腐败，类似于私人利益集团，或者依赖于其他腐败国家的时候。

暴力手段及其非法性是关注重点。国家经常无力解决交叉系统产生的系统矛盾，显得软弱而且无法可依，尤其是在有效处理经常遇到的系统性的、不可预测的、源源不断的挑战方面。

源源不断的灾难性事件

分析家们发现了各种各样互相缠结、互相依赖的状况，它们能产生灾难性的变化（Walby 2015）。灾难就源于这些相互作用的系统，尤其是那些受到市场机制作用的系统。卡尔·波兰尼（Karl Polanyi）在20世纪40年代就写下了关于社会可能被"摧毁"的富有预见的论述："让市场机制成为人类和自然环境命运的唯一调节者将导致社会被摧毁……自然变得萧条，环境肮脏，河流被污染，军事安全陷于险境，食物和原材料生产被破坏。”(1954[1944]:73)波兰尼准确地抓住了系统相互依赖的特征，并看清了市场主导如何带来灾难。

荷马-迪克森(Homer-Dixon)发展了这一观点：“我认为我们可能看到的这种危机是系统的压力达到最大值的结果……社会同时受到多个打击或者多种压力就会面临危机。”(2006:1)人类和物质系统处于动态紧张状态中。系统互相影响，产生连锁效应。系统变化的同时产生聚合作用，带来了重大变化，这样的作用使脆弱的全球秩序不堪重负，从而可能造成连锁故障。

有些学者特别将可能发生的故障和开始于 20 世纪 70 年代晚期的国际贸易大规模快速增长联系了起来(参见普林斯顿关于全球系统风险的研究：www. princeton. edu/piirs/research-communities/global-systemic-risk)。这些联系需要一个复杂的互相依赖的全球节点和连接系统。但这种互相依赖性将使系统风险急剧增加。能源开发和生产、电力传输、计算机网络、健康医疗、食物和水供应、交通网络、商业和金融等系统有形风险正威胁着全球政治、经济和金融系统。本世纪全球依赖性明显，全球系统风险互相作用，这种毁灭性的相互作用造成了“系统不稳定”，下文将阐述各种著作文本中出现的一些全球系统风险。

首先，世界人口正在急剧增长。就在 10 000 年前，人口大约是 100 万，到 1800 年达到 10 亿，1900 年 20 亿，2000 年则是 60 亿。现在估计世界人口将在 2050 年达到 91 亿(Emmott 2013)。快速增长的人口大幅提升了全球能源和原材料的消费，同时恶化了环境负载力。

第二，人口的增长大多出现在大城市。这样的大城市有大东京地区，人口约 3 800 万；首尔，2 600 万；德里，2 500 万；上海，2 400万；墨西哥城，2 100 万，等等（Urry，Birtchnell，Caletrio，Pollastri 2014）。这些城市是地球上迄今为止出现的最大结构，其不断增长的人口面临着许多问题，包括食物和能源短缺，没有清洁饮用水及卫生设施，缺乏安全可靠的交通，远低于世界健康组织标准的恶劣的空气质量（参见令人震惊的北京的照片：www.theguardian. com/cities/2014/dec/16/beijing-airpocalypse-city-almost-uninhabitable-pollution-china? CMP = share _ btn _ tw）。据预测，到 2050 年将有 70％的世界人口生活在城市。

第三，为快速增长的都市人口生产的食品依赖于碳氢燃料，碳氢燃料被用来给庄稼施肥、灌溉、收割和加工，并被运输到城市送给城市居民，也就是说城市居民的食物需要经过长距离运输。石油短缺意味着“食物定价会高得超出大部分人的承受能力。饥饿成为世界各个角落的常见现象，包括你自己的街坊邻里”（Pfeiffer 2006：2）。更为普遍的是，气候变化引起洪水、沙漠化和成本的增加，“较富裕”的社会倾向于占用“贫困”社会的土地以保证其食品安全，从而引发了关于食品问题的抗议。大卫·哈维（David Harvey）用“食品-能源-气候变化三难境地”（2014）概括了这种关系的特征。

第四，根据舒马赫（Schumacher）的观点：“能源没有替代物。整个现代社会建立在能源的基础上……它不只是一种商品，而是所有商品存在的前提，是与空气、水和土地一样的基本要素。”（引自 Kirk 1982：1—2）这一“基本要素”构建了社群的社会、时空结构以及“生命”本身。从 18 世纪起，能源就逐渐有了预设系统，包括化石燃料能源的开采、燃烧和运输。许多著作记述了以下两大问题：一是一些燃料尤其是石油的开采越来越困难，因为容易开采的石油已经消耗殆尽；二是化石燃料的燃烧改变了世界气候（Urry 2013b）。

此外，清洁的可用水供应系统越来越不安全。人口增加导致需求增长，尤其是在大城市，它们必须从城外购买和运输水。大约有12亿人，即世界人口的1/5，居住在缺水地区。另外有16亿人，即世界人口的1/4，由于成本问题面临缺水（参见 www.un.org/waterforlifedecade/scarcity.shtml）。一些评论家用“生态用水峰值”来说明地球上的水只有0.007%是人类可以利用的淡水（Pfeiffer 2006：15）。

另外，北部发达国家的经济和金融制度在2008年10月崩溃，尽管此前评论家预测世界的制造、金融、房地产、消费和收入制度不可能发生崩溃。经济社会发生了颠覆，从繁荣的北部发达国家的许多人拥有越来越富裕的生活转变为许多人的生活变得越来越困苦。即使到现在，系统都没有什么重大改变，在甘布尔（Gamble）看来，这是“一场没有尽头的危机”（2014）。大多数经济体的金融化没有得到扭转，因此银行和金融业内部的不稳定依然存在（Haldane，May 2011）。值得注意的是英格兰银行的设想，把“世界经济衰退”作为未来场景进行“压力测试”，用于测试英国主要银行的活力（www.bbc.co.uk/news/business-32116356）。

最后一点，较富裕社会逐渐与较贫穷国家隔离，成为受到种种保护的方外之国（北美、欧洲、部分亚洲国家）。在这些层层设防的国家之外，有一些“荒野之地”，富人和有权势的人都尽快从这里搬走或者撤离。这些地方就留给了少数民族、部落或者宗教“群体”，而这些人也会时常以难民、毒贩或者人口贩子、奴隶、恐怖主义者等身份进入保护区（Hardt，Negri 2006）。衰败、贫穷的社会常常面临社会秩序的崩溃以及解决系统危机时的无能为力。其成员总在尝试越过海关进入安全区(越来越多的人死在路上)。

此外,国家常常是“脆弱的,易受攻击的”,无力处理潜在的系统危机和恶性问题,如干旱、热浪、极端天气、洪水、沙漠化、流行病、沙尘暴、饥荒以及能源和水资源缺乏(Abbott 2008; Leichenko, Thomas, Baines 2010)。即使在富裕社会,国家、公司和救援组织面对系统连锁反应通常也起不到有效作用,例如在2005年的新奥尔良、2011年日本福岛核泄漏事件以及2012年纽约、新泽西发生的飓风桑迪。尤其困难的是如何在出乎预料的危机中调集充足有效的系统力量,扭转连锁系统灾难性的相互依赖,特别是在上文提到的暴力手段成本降低的情况下。罗丁(Rodin)认为有必要让世界各地的城市有应对灾难的准备,不要以为稳定状态不会改变,很明显有时候是“会出问题的”(2014)。

另外,过去三四十年不平等状况的恶化使得问题更难获得有效解决。莫帖夏瑞(Motesharrei)、里瓦斯(Rivas)、卡尔内(Kalnay)用数学模型显示,被认定为经济不平等地区的社会更加容易崩溃,并且难以调集适量的资金和物质资源来应对结构性危机(2014; Piketty 2014)。在戴维斯(Davis)看来,这些系统危机将变得更加紧张,到2030年,“气候变化、石油峰值、水峰值和地球上增加的15亿人口一起共同作用将导致超出我们想象的恶果”(2010:17)。同样,孔斯特勒(Kunstler)也描述了各种脆弱性:“在其达到峰值或者超出峰值的时候,会发生各种系统故障,包括社会的、经济的和政治的。峰值实际上就是一个转折点。超出峰值时,一切都分崩离析,而中心无法把控。超出峰值时,文明的未来难以预测。”(2006:65)

洛夫洛克(Lovelock)在对各种系统及其正反馈进行分析之后提出这样的问题:“我们的文明是不是注定要灭亡?是不是就终结

于本世纪？人口大幅减少，少数幸存者就在一个充满敌意的、伤痕累累的世界里过着军阀统治下的水深火热的生活？”(2006：151)此时将会出现更普遍的“峰值”状态，不仅是石油和水资源，还有美国影响、欧洲福利国家和“西方生活”。一个灾难性的未来将包含这些系统问题的连锁作用，还有生活标准急剧下降，经济和社会被迫重新定位，国家或全球管理薄弱化。奥兰斯克斯(Oreskes)和康韦(Conway)认为未来最大的可能就是出现“西方文明”的“大崩溃”(2014；参见 Slaughter 2003)。

因此，有数量惊人的作品和其他文化形式描绘了反乌托邦未来的前景。布鲁恩(Brunn)和韦克菲尔德(Wakefield)研究了最近重要的艺术展览和作品，得出的结论是：“灾难无处不在，无时不在……这是一个已经毁掉的文明……我们已经生活在后启示录时代。”(http://societyandspace.com/material/article-extras/theme-section-a-new-apparatus-technology-government-and-the-resilient-city/bruce-braun-and-stephanie-wakefield-inhabiting-the-postapocalytic-city；同时参见 Nancy 2014)

灾变论的危险

这些作品和艺术展览描绘了互相关联的系统间的连锁反应造成的灾难性后果，包括能源、环境、经济、人口、食品、水、移民和管理等系统。然而，有些评论家认为这些“新灾变论”作品存在危险性。“气候变化科幻作品”(cli-fi)向读者和观众显示未来环境灾难是不可避免的，而且对即将降临的灾难无计可施(参见 www.dissentmagazine.org/article/cli-fi-birth-of-a-genre)。例如，克莱恩指出灾变论引向了疑点重重的未来宿命论。与灾变论者相反，她提出人们应该积极规划切实可行的其他出路。气候变化的其他出路是可能存在的，关键是不要将灾难看作是不可避免的，因为这样会让人在面对困难时很被动（Klein 2014）。

灾变论思想的另一个危险是它可能激发在全球实施大规模“地球工程学”计划的强烈兴趣。这一全球社会实验计划的提出，是保持高能源系统运行的最后一个可能的方法（Klein 2014：258）。大多数国家估计它们必须同意参与这种危险的重新构建未来的计划，尽管它带来的后果可能比它要解决的问题本身还要糟糕（参见本书第9章）。

因此，如斯洛特（Slaughter）所说，反乌托邦和乌托邦实际上具有部分施为功能，有助于实现预想的未来（2003）。威廉·吉布森（William Gibson）说他在小说中去除了一些反乌托邦思想，因为他不想是使其成为现实的助推者。另一方面，吉尔（Gill）指出电影和电视连续剧《星际迷航》（*Star Trek*）给了摩托罗拉公司灵感，帮助其在20世纪70年代开发了第一批移动电话（参见https://christopherharpertill.wordpress.com/2014/12/08/should-sociology-try-to-predict-the-future-in-order-to-produce-a-better-one）。关于未来的预想，无论是反乌托邦的还是乌托邦的，也许真的可以实现，因为它们具有部分施为功能，而不仅仅是具有分析意义或者表述意义。

第二部分　复杂系统和未来

4 时间和复杂系统

社会科学和未来

上一章探讨的许多作品的核心是复杂系统思维。本书第二部分将从时间和复杂性开始深入阐述这一理念。首先，我要说明的是社会科学有三种主要的预测社会未来的方法。

第一种也是最有效的一种是人类行为个人主义模型，其中的理论和方法强调个人理性或者至少不受他人影响的行动能力，个人能决定做什么和为什么做。这种个人主义模型被广泛应用于社会科学研究中，用来解释各种人类行为，包括人类现在的行为可能会产生什么样的未来。这种方法通过改变针对各种不同行为的奖惩体系来规范个人的行为，从而改变未来。这种人类模型最小化了“社会关系”的作用，将个人看作是自主独立的。个人的概念包含“理性”的个人和“缺乏自我控制的个人”，前者是许多经济学理论的基本概念，后者常被用来解释人为什么会“犯罪”。

一些社会学理论和研究以及最近出现的行为经济学对个人主义方法提出批评。这些理论都提出了“他者”的深远意义，他者构成了人的行动欲望、能力和判断力。这些他者可能很近，也可能很远；可能少，也可能多；可能互相联系，也可能没有联系（Ormerod 2012）。社会机构、社会网络和社会群体构建、影响和协调人类的行为。马克思有一段著名的论述，即人类创造自己的历史，但他们不是在自我选择的情况下创造历史，“一切已死先辈们的传统，会像梦魇一样纠缠着活人的头脑”（Marx 1973[1852]：146）。未来似乎部分依赖于个人之外的社会模式和行为，过去的传统和经历沉重地压在活人的心头，压制着他们的行为。

第二种理论强调相对固定和持久的经济和社会结构的重要性。这种方法有多种版本，有的关注社会机构如家庭或教育的作用，有的把资本主义看作剥削和权力系统加以分析。在种种分析中，未来被看作是相对固定并自我调节的社会结构的发展结果；未来预测基于现有结构的“因袭”模式。

对于这种基于结构的观点也有许多批评的声音。凯恩斯（Keynes）强调存在“低于正常值活动常态”的可能性，此状态下反馈机制不能恢复平衡（1936：249；Beinhocker 2006：ch. 3）。此外，结构分析忽视了变化的内部源头，它终将摧毁系统。例如，马克思和恩格斯描述了资产阶级社会内部的内在矛盾。他们说“这个魔术师已经无力控制这个自己用魔力召唤出来的魔鬼”（Marx，Engels 1888[1848]：58）。许多社会群体反对现行社会，试图创造自己的未来，因而常常违背了“已死先辈们的传统”。社会结构理论没有能够在分析可能实现或者不可能实现的各种未来时考虑到社会冲突、不可预测性，以及系统颠覆等因素的影响。

第三种是复杂性理论方法，该方法在许多学科领域都已出现。

这是社会科学中的一种新兴模式(关于社会学,参见 Urry 2003,2005)。复杂系统方法提出未来不能被简化为个人因素的作用结果,也不是社会结构发展的必然结果。复杂性理论避免了个人主义和社会结构方法的局限性,同时又兼顾了两种方法所涉及的要素。本章将继续从时间相关角度阐述复杂系统的一些要素。

复杂性转折

人们设想有跨越时空的强大物质和社会系统存在着,一直延伸到遥远的未来;但这些系统的特征是创新性、不可预测性和颠覆性。虽然系统表现出自己的属性,但它们不是稳定不变的。复杂系统理论强调系统是动态的、过程性的和不可预测的。它们是开放性的,能量可进可出。许多"科学学科"都了解物质世界的系统是突现的、动态的和自我管理的。经典著作《增长的极限》就是一个较早运用复杂系统理论分析未来气候的例子(Meadows,Meadows,Randers,Behrens 1972;参见 Gell-Mann 1995;Kauffman 1993;Prigogine 1997)。

和第二次世界大战期间和战后出现的控制论分析不同,稍晚的复杂性理论学者强调使系统失去平衡的正反馈的重要性。微小的变化可能带来巨大的非线性系统错位(Arthur 2013:3—5)。系统在明显的"原因"和"后果"之间缺乏对应性,或者是"非线性的"(Nicolis 1995)。这样的小原因大多不可预测,难以预见,虽然事后回顾又是可以解释的。因此,尽管系统可以通过"锁定"保持较长时期的稳定,但某一个微小的事件会激发新"路径"的出现。可见系统并不是完全稳定的,而是所谓的"亚稳定"。

复杂性理论强调多种"组织"和复杂适应系统形式的存在,它们会演变、适应和自我组织。每个系统显示的特性并不一定存在于个人身上,系统特性是突现的,不受外力控制。这些突现特性涉及冲突、变化和转换。因此,系统在自我组织的同时也在适应和演变。这种复杂的互相作用就像一个人走在迷宫里,随着他的走动,墙的布局也在改变,每跨一步都要适应迷宫中的墙因人的走动而不断变化的布局。复杂系统理论涉及的是研究系统构成要素间动态的、几乎不可预测的互相作用造成的后果。

评论家常常强调现代世界正在加速变化,这具有误导作用,因为有些系统可以保持很长时间的稳定。系统通过路径依赖得以继续存在,在这一过程中,模型里的系统通过“锁定”得以发展,但只需某些微小事件就能引发新“路径”的产生。锁定意味着一旦系统进入特定路径,那么在其长期发展中,“周围的”社会机构就很重要(North 1990:104;锁定的一个经典例子就是 QWERTY 键盘的键位排列)。即使强大外力可能摧毁系统的不可改变和锁定特征,系统仍然持续存在(Arthur 1994;Mahoney 2000)。因此未来不能被看作是“虚无”的。

这样的系统既强健又脆弱(Ormerod 2012:18)。普利高津如此论述:

> 如果世界是由稳定的动态系统构成的,那它和我们现在观察到的完全不一样。如果那是一个静态的可以预知的世界,我们就不会在这里预测未来了。在我们的世界,我们发现各种变动、分裂和不稳定。具有确定性的稳定系统只会造成理想化的或者近似的预测。(1997:55)

变化是非线性的;“原因”和“结果”之间不一定按比例对应;分

析的个体水平和统计水平不等同；系统作用并不是个体元素相加的结果。

此外，时间不能被看作系统运动的一个维度，系统是通过突变、渐变以及哲学家 A.N.怀特海德（A. N. Whitehead）和其他学者所说的“时间之箭”而形成的（1929）。因此，平衡状态和发展状态的复杂性理论没有区别——所有的系统都是动态的和过程性的，新的结构和旧的结构都以难以预料的方式产生和消失。

有时候会出现开放性程度很高的未来，此时限定较少，各种未来都可以“摆在桌面上”供选择。并不是说这样的变化是无缘无故的，而是不太能回溯到锁定的既有系统。虽然如上文所述存在长期的路径依赖，但是没有系统永恒不变。在艾伯特（Abbott）看来，“有可能出现一种行为模式，仿佛钥匙开锁一样开启了一个重大的转折点”（2001：257）。

物理学家将重大转折点称为“相变”，正如水变成冰的时候（Arthur 2013：10—11；Nicolis 1995）。这是一种“不确定性”，除了风险之外，这种相变还很难“预测”。气象学家们有一场争论，即在未来的几十年里如果全球气温再增高几度，极地大量的冰化成水，这时会不会出现相变？

拉兹罗（Laszlo）论述了当系统从一个路径转向另一个时出现的严重“混乱时刻”（2006）。在全球北部发达国家，1990 年左右出现了这样一个时刻，许多政治、信息和通信系统同时发生调整、演变，最终导致“混乱时刻”的出现。这些同时发生的事件包括互联网的诞生、苏联的解体、24 小时全球新闻实时播报模式的出现、主要金融市场全天候在线交易、移动电话的快速普及、许多交通和通信方式下“更经济”的交易模式（Urry 2007：5—7）。

因此，当系统跨越一个临界点之后，变化就不再是渐进的，而是急剧的。变化通过正反馈以及亚瑟所谓的“互相关联的行为对变化的扩散作用”而发生(2013:11)。例如,根据凯恩斯的分析,消费者信心下降会在人群中产生连锁反应,并通过正反馈机制导致重大的经济和社会危机(1936)。系统发生颠覆,就像20世纪90年代早期互联网开始飞速发展一样,数十亿人和机构相应作出调整并与之一起演变发展(Gore 2013)。另一个例子是在20世纪90年代中期,几乎在一夜之间,办公室工作人员发现他们“需要”一台传真机,其销量在几年里急剧攀升。收发传真很快成为时尚,办公室通信方式随着办公室互相模仿而转变。模仿他人确实有道理,这是凯恩斯关于人们如何在经济和社会生活中行动的“拇指原则”(参见 Ormerod 2012:94—7)。模仿他人并聚集成群对于个人来说是理性的,对于想象和实现未来是至关重要的。在上述的第二个例子中,所有办公室因此得以通过传真机网络而连接起来。

但是,尽管模仿他人对于个人或者单个办公室来说是最佳选择,对于系统却可能带来不利结果。聚集成群增大了系统失败的可能性。关于金融系统,霍尔丹(Haldane)和梅(May)认为“金融系统内部的过度同质化——所有银行都做同样的业务——能最小化单个银行的风险,但整个系统崩溃的可能性确实实现了最大化”(2011:353)。因此,相似的集群行为增大了系统失败的可能性,就像奥默罗德(Ormerod)描述的2008年8月金融和银行业崩溃时,系统崩溃在一夜之间发生了(2012:101—2)。

相对来说,紧密联系的系统另外一个特征是经常出现的“常态性意外”(Perrow 2007):变化发生得很快,而且不能停止,崩溃的部分不能被隔离,没有别的办法可以使系统运行。在如此紧密联系的系统中,无法修复第一次故障,尽管这个故障也许只是个小故障。故障在整个系统内部快速蔓延,造成混乱,并且不可逆转。这会造成事故，连锁反应导致周期性的“崩溃”，造成像城市这样的系统运转不良(Nye 2010)。

无论是实体/物质系统还是社会系统，我都一直用“系统”一词指代。然而，拉图尔(Latour)和其他学者认为社会科学中构建的系统概念过于“社会化”了(1993)。这些概念去除了各种重要的物质要素，如机器、文本、金属、技术、物质环境、塑料、天气等等。因此，我认为当今世界的系统应该是经济的、物质的、技术的、政治的和社会的系统。系统不能简化为一个个体要素，而是社会物质系统，其影响力既是物质的/技术的，又是社会的。因此，社会被设想为一套偶然拼装在一起的互相依赖的社会物质系统，通过互相作用联结在一起，每一个系统为其他系统提供生存条件。“物质”这一概念极其复杂，例如一本书至少由 10 种物质构成(Allwood，Cullen 2012：12)。

互相依赖的复杂系统包含连锁层级结构、自我修复模式、突然崩溃的貌似稳定的体制、中断的平衡、蝴蝶效应以及临界点(Axelrod，Cohen 1999)。这些复杂效应意味着人们无法解读和预测未来，或者提供一个清楚丰富的未来图景。汤普森和贝克研究了基于此观点的一些概念和行为，宣称解决问题要用鲁莽办法而不是精巧办法。要“在矛盾重重的情况下做决策”，这就是目前能想到的上策了(Thompson，Beck 2014)。

汤普森和贝克提出了公共决策者或者公司决策者都没有预见到的两个富有启发意义的笨办法。第一个是在伦敦北部一个无人注意的区域建造阿森纳酋长足球场。当地居民组织起来发起了一场运动才促成了球场的建造。第二个是在尼泊尔建造一条水利电力空中缆索，将牛奶从偏远的、交通不发达的村庄运到快速发展的城市加德满都，这个办法曾受到层级执行者的强烈反对，但结果对村民和环境都是有益的。在上述两种情形中，鲁莽办法的出现是突破性的，尤其是这些决策来自原本不参与决策的社会群体。

还有一个相关事件发生在马力布，尽管马力布市民的抗议成了一个反面例子。马力布是北美经常爆发火灾的一个城市（Davis 2000）。在植被的年龄结构和山火的严重度之间有一个非线性关系。树龄50年的树燃烧程度比树龄20年的树强烈50倍。然而，马力布地区的居民非常能干，从1919年起，当地采取的政策是“全部扑灭”。这意味着有益于营养物质循环的小火也被扑灭了。该地区的大部分树木树龄较老，燃烧起来火也更大。因此限制小火的政策导致了更大山火的发生。此外，极端大火改变了土壤的化学结构，变成了防水层，进而加快了洪水和水土流失的到来（Davis 2000：100—3）。深思熟虑后的精巧办法杜绝了规模有限的小火却造成了极端大火和大洪水，而小火本可以成为马力布生态系统的常态。

汤普森和贝克因此认为鲁莽办法适用于矛盾不可调和的情况，例如马力布的火灾问题。这样矛盾重重的过程导致所谓的“棘手问题”，提出极其复杂的全球性挑战（Brown，Harris，Russell 2010；Bunders，Bunders，Zweekhorst 2015；Rittel，Webber 1973）。这些问题通常在以下情况下发生：存在多种“成因”和“解决办法”；存在较长时间的锁定和进程间的相互依赖；尝试解决一个问题会暴露或引起其他问题；问题的解决依赖于问题的结构，反之亦然；不同的利益相关者关于什么是真正的问题和解决办法的理解截然不同；问题所受限制和解决问题需要的资源会随着时间而改变；每一个问题都不可能彻底解决，而是会以不同的方式在不同的地方重现，因为没有“停止规则”；这样的问题实际上没有解决办法（Thompson，Beck 2014：8—10；Tutton 2016）。

因此像气候变化这样的棘手问题，与“臭氧层空洞”这样“较简单”的问题不同，没有办法在正确的时间合适的地方找到正确的策略。任何一种行动都会改变状况，因此即使是曾经正确的策略现在也可能不合适(Thompson，Beck 2014:31)。汤普森和贝克强调路径依赖意味着在某一时期社会被锁定在一个“不合适”的技术中，但这却是无法摆脱的。此外，我们还可以说某一特定的技术也可以被锁定出局，尽管事后再看它可能就是最佳解决办法。这些都充分表明要保持技术的“灵活性”，因为没有人知道前方有什么，此时的最佳方案也许在别的时候就不是最佳了。汤普森和贝克指出：“如果我们再也不能依赖市场给我们找到最有效的技术路径，那么我们将会被锁定在极其恐怖的徒劳无功的发展之路上。”(Thompson，Beck 2014:34)

邦德斯(Bunders)、邦德斯和扎维克霍斯特(Zweekhorst)认为气候变化是一个超级棘手的问题(2015:22—3)。关于超级棘手问题，还存在额外的困难：找到解决办法的时间不够；没有一个集中管理的权威机构；寻求解决问题的人在一定程度上也是导致问题的人；存在一种所谓“双曲贴现”现象，即更偏向于获得眼前利益而不是长远利益。

与此相关，潜在的系统失败常常是由层级依赖性造成的，而这可以通过系统更大规模的“模块化”来避免(Haldane——英格兰银行首席经济学家，May 2011)。霍尔丹和梅阐述了系统的恢复能力来自系统要素间的间隔或者防火墙。这和公司、规划者等层级执行者通常所持的观点完全相反(Thompson，Beck 2014)。霍尔丹和梅认为间隔越大，影响整个网络的集群、传染和连锁效应的危险越小。

亚瑟认为分析必须基于特定的历史时期，特定的事件，并关注过程。他引用了凯恩斯学派的经济学家琼·罗宾逊(Joan Robinson)在1973年的一段论述:“一旦我们承认经济存在于时间中,历史走上了一条从不可逆转的过去到未知的未来的单行道,那么平衡的概念就变得站不住脚了。”(引自 Arthur,2013:18)她指出历史、时间和过程在研究复杂系统时的重要性。下面我将开始简要论述这一对于分析不同未来至关重要的时间要素。

时间

理解时间很困难。与空间的某些不同之处在于,时间是看不见的,只能通过测量时间流逝的计时器来感受它,如日晷、钟和日历。日、星期、年、十年、百年和世纪等时间区分还常常有着强烈的感情色彩(Elias 2007[1984];Urry 2000:ch. 5)。此外,如第1章所说,时间不是单一的而是多样的。争论长期以来都存在,时间是如牛顿所说的一个绝对存在,有自己的性质或独特性,还是像莱布尼茨认为的时间是一个先后序列?关于时间是否有方向性也有争论。是不是如前文设想的那样存在一个“时间箭头”?一切都是时间流逝的结果?或者像牛顿和爱因斯坦设想的那样,时间可以逆转,过去和未来没有区别?(Coveney,Highfield 1990)

不同的时间可以通过时间A系列和B系列的哲学分类来进一步细分(McTaggart 1927)。B系列的时间意义是“之前和之后”。事件通过时间维度来进行区别和排列,它们的位置是通过在各自的前面和后面来划定的。每个事件都是隔开的,与其他事件的关系永久不变。时间被看作相同时点的无限序列,每一个时点都可以通过早于或晚于另一个点的时点加以辨识。关于这一现象的阐述一直都是准确的。许多分析家认为可以通过B系列的三棱镜来验证物质世界，通常称之为时钟时间或日历时间。

这和A系列不同，A系列涉及“过去-现在-未来”的关系。过去的事件被看作现在的一部分，随后又向前被带入未来。此外，现在也不是一个时点，而是持续性的。过去并不只是留在过去，而是融入了现在，并且包含了未来的某些预见。柯勒律治(Coleridge)在他的著作中抓住了现在和未来的移动特征：

> 空气中，伟大事件的精灵常常
> 在事件来临之前大步行进，
> 而明日在今日徜徉。

其他学者对A系列也有阐述。乔治·赫伯特·米德(George Herbert Mead)持有一切都是“暂时”的观点，认为B系列的时钟和日历的抽象时间只是一种“叫法”而已。在米德看来，现在才是“真实”的，他在《当代哲学》(*The Philosophy of the Present*)中提出了这个观点(1959[1934])。我们理解的过去在现在得以重建，过去的时刻重获新生。因此过去已经没有“过去”。新生事物改变了过去，也给未来提供了意义和方向。新生事物是人和环境互相作用的产物，环境和人类都是自然永恒的部分，这也是本书的观点。

马丁·海德格尔在《存在与时间》(*Being and Time*)一书中强调哲学必须回归到“存在”的问题(1962[1927])。海德格尔存在论的核心是时间，时间表现了人类的本质。人类在自己的暂时存在中发现意义。存在因其暂时的特性而变得可见，尤其是从出生走向死亡的过程。时间没有被视作一个界限，而是穿透了每个人的存在。未来的生与死互相联系着成为一个整体。女权主义者批评海德格尔这一“向死而生”的理念象征着男权主义的时间观。它摒弃了女性关注的因素，如生育、生殖所具有的明显的时间生成作用，以及为未来人类、“我们孩子的孩子”而保护环境的需要（Adam 1995：94）。

社会学家特别坚持自然时间和社会时间的显著区别。然而，社会学家所认为的时间的“人类”特性实际就是物质世界的特征。亚当认为：“过去、现在和未来，历史时间、时间的定性体验、‘未分化的结构’变成了片段，这些都已经成为自然科学研究课题中关于时间的重要部分。”（1990：150）复杂系统思想强调历史、时间和事件的重要性。

20 世纪的科学改变了自然的时间。爱因斯坦指出没有独立于其参照系统的固定的或绝对的时间。因此，时间或者原时（Eigenzeit）就是任何监测系统或测量系统局部的、内部的特征。此外，时间和空间并不是相互分隔的，而是在质量的作用下结合成了一个扭曲的四维时空。量子物理学家描述了一种虚拟状态，即电子在形成特定的形态之前会在瞬间尝试所有可能的未来轨迹。量子行为是神奇的瞬间移动。

热力学描述了时间不可逆转的流动。热力学与 A 系列而不是时间的对称性和可逆性相符。时间之箭源于所有系统都有的结构消失，以及随着时间推移而出现的越来越严重的偶然性和失序。这样的正熵出自热力学第二定律；负熵与热力不均衡有关，其特征是演化增长和复杂度增加。所有的能量转变都是不可逆的，有指向性的。

不可逆性最明显的例子就是宇宙时间之箭。自然法则是历史的。时间的不可逆转能将混乱变得有序（Prigogine，Stengers 1984：292）。因此，霍金这样总结：“空间和时间是动态特征；当一个物体移动了或者一个力产生作用，它将影响空间和时间的弯曲度，接着，空间-时间结构又反过来影响物体移动和力作用的方式。”(1998:33，全文)复杂系统思想假定物理学与社会学以及下文研究的各种社会物质系统关于时间的理念接近。

网络

“网络”对于复杂系统来说也很重要。复杂性科学家弗里特乔夫·卡普拉(Fritjof Capra)指出网络是20世纪晚期“生命网络”进步的关键，“每当我们审视生命的时候，我们也是在审视网络”(1996:82)。卡斯特尔(Castells)同样也认为网络“构成了我们社会新的形态学，网络化逻辑的扩散从根本上改变了生产、经验、权力和文化进程的运作和结果……网络社会的特征是社会形态学优先于社会实践”(1996:469)。在复杂性经济学家保罗·奥默罗德看来，在考察未来气候变化等当代富有挑战性的问题时，我们认为有必要开启剧烈的大众行为改变，但是其动力来源不应该是基于个体的激励，而是社会网络推动了人类行为乃至于未来系统的创新。奥默罗德认为网络是未来的中心问题(2012)。

在社会学领域，网络分析有所发展，尤其是格兰诺维特(Granovetter)关于“弱联系力量”的论述(1983，1985；Albert，Barabási 2000；Watts 1999，2003)。他描述了一个现象，84%的求职者最后通过自己不太熟的、只偶尔联系的人而不是很熟的人找到了工作。熟人间以及信息流的弱联系对于成功找到工作很重要。这种弱联系的力量也适用于谣言的传播、参加社会活动、开启一个新的社会物质系统，等等(Barabási 2002:43；Burt 1992:24—7；Gladwell 2002；Ormerod 2012)。将人与外界连接起来的弱联系在亲密朋友和家庭成员之外建立了桥梁，这种桥梁是通过弱联系而不是强联系建立起来的。

但是大部分人都生活在亲密朋友和家庭成员的“集群”里。巴拉巴斯(Barabási)认为:“我们生活在一个小世界,我们的世界之所以小是因为社会是一个密集的网络。”(2002:30)然而,如果所有人只跟亲密朋友和家庭成员的小群体发生联系,那么全世界70亿人口间的隔离程度将很大。事实上,只需要几个偶然的关系较远的联系或者维系50个邻居群体的弱联系就能大大减少世界人口的分离度,这就是所谓的“小世界”现象。如果一些关系疏远的偶然联系和密集的集群结合起来,就能降低世界上人与人之间的疏离程度。这种网络模式和世界人群的密集是未来疾病、流言、信息和创新传播很快的原因之一(Watts 1999,2003)。

互联网的模式是每个人只需轻击鼠标就能与地理距离遥远的人“同在”(Buchanan 2002:118—19)。它的设计意味着信息从一个点到另外任意一点只需要几步。然而,大部分社会网络和互联网之间有一点很不一样。在社会网络中,世界人群呈正态分布或者高斯分布,绝大多数人之间是弱联系,只有少数人是中等和强联系。这是一个人及其拥有的联系呈正态分布的平等网络(Ormerod 2012:156)。

相反,互联网不是正态分布的。一些节点拥有大量的联系,占据完全优势。这些集线器承载大部分的流量,呈现偏态分布或者幂律分布(Watts 2003:107)。互联网是由数量相对较少的联系紧密的集线器组成的,它们完全主导了网络,与“民主的”小世界网络不一样(Buchanan 2002)。互联网是一个源于“互联网集群社会学”的贵族网络(Barabási,引自 Buchanan 2002:85)。因此,在网络内部有一个隐藏的序列——幂律分布,尽管网络的发展大都是无计划、无控制、无管理的,而且看似无序(Ormerod 2012:160)。

这种贵族等级也可以在当代生活的其他领域见到。贵族系统是富者更富，并拥有过度的影响力，而贫者更贫（参见 Ormerod 2012：162）。世界资金流动集中在伦敦和纽约就是很好的一个贵族网络的例子。另一个例子是世界品牌，通过加强和扩大影响使收益增加（Klein 2000）。总的来说，富裕者就是连接点、桥梁或者集线器，在网络中占据优势并且对于未来创造起着重要作用。

创新就源于这样的网络，尤其是网络间的“交易区”。这在互联网的历史上很重要，特纳（Turner）对此有详细论述（2006；参见 Castells 2001；Lanier 2013）。这样的网络具有自我管理的特征：“几百万个互动同时进行，每一个行为都改变了其他行为的状态。”（Strogatz 2003：34）此外，在这些复杂网络中，“大量的组成个体每一刻都在改变自身的状态，互相纠缠，根本无法将个体与其他部分分开研究……这种现象从根本上来看是**非线性的**”（Strogatz 2003：286）。

本书下一章将会讨论创新过程，创新与强大的连接点（个人或组织）有关，他们在网络内部，尤其是网络之间拥有超多的社会联系，并寻找和利用“结构洞”（Burt 1992）。格拉德威尔（Gladwell）指出“口头传播”式社会互动在颠覆系统中的重要性（2002：264—5）。非线性结果具有三个特征：事件和现象具有传染性；小原因可以造成大结果；变化会在系统转换时刻突然发生。例如，每一个现代人都觉得自己“需要”一个移动/智能电话，部分是由于他们真的需要，主要还是因为别人都有。社会传染和转折点的理念前提是在某个网络关系中的关键点有少量极其强大的连接点。这些连接点拥有许多社会联系，由于联系的集中，系统会突然被颠覆。在网络计算的发展中，于 1968 年创办了《全球概览》（*The Whole Earth Catalogue*）杂志的斯图亚特·布兰德（Stewart Brand）就是这样一个网络中的关键连接点(Turner 2006)。

流行通过网络在人群中出现和传播,就像网络计算机在所谓的网络空间发展中的作用一样,其地位至关重要。此外,在连接网络和使社会实践中看起来关系较远的领域同步方面,流行也很重要。奥默罗德指出流行来自哪里似乎没有一定,但是一旦出现就会发展、扩散,并且改变经济和社会生活的各个领域(2012;Turner 2006)。部分原因是人会模仿他人;奥默罗德认为偏好"不再是固定不变了,而是会随着时间改变,其他人会影响你的社会网络,进而改变你自己的行为"(2012:33)。因此,群集行为源于网络,在特定情况下可能会导致未来的巨变,尤其是当网络化关系的突然发展将使社会实践的新领域结合起来并得以发展的时候,所谓"数字乌托邦"的发展就是这样(Turner 2006)。

结论

本章确立了一系列未来学的基本概念和观点。首先,存在关于时间和未来的各种不同理念。有人提出时间应该被看作是历史的,过去和未来与现在交织在一起。这种时间概念称为 A 系列时间,基本与物理学的发现一致。

第二,这种时间观念是社会复杂系统分析的一部分。它关注长期系统的重要性,也强调其不可预测性和不确定性。这种复杂分析的关键理念包括路径依赖、锁定、临界点、正反馈回路、转折点和相变。本书后文将使用这套概念探讨和预测不同的未来。

第三,复杂系统不是社会的,也不是物质的,而是社会物质的。理解系统必须着眼于系统之间的相互作用关系,每一个系统都构成了其他系统的外部环境。社会影响力依赖于每一个社会物质系统及其管理组织的作用力。每个系统创造或者控制自身未来的能力显得尤其重要。

第四,复杂系统由多个网络构成,这些网络通过时间-空间扩展关系。在下一章,我们会看到这些网络对于分析各种创新尤其是社会物质系统的创新至关重要,包括人们热切追求的理念和事物、流行和风尚。流行能发展、扩散并改变经济和社会生活,因为人们常常模仿他人的行为、消费和理念。

最后,社会群体几乎不可能准确预测到底是什么带来了系统变化,主要是由于问题"棘手"。通常不存在精巧的解决办法。社会群体试图带来创新性的变化,但是不能确保预期的变化就能实现。社会群体不可能知道什么能带来想要的全球变化,尽管他们都努力想要实现目标。他们必须相信未来的预测,但是经济、社会和政治创新中总是有出乎预料的后果发生于时间和空间里,这些后果本身也会带来进一步的具有适应性和发展性的系统后果。前文我们提到哈丁的观点:我们从来不能只做一件事情——一件将会产生一系列的已预见到的并且实现了未来后果的事情(1972:38;参见第1章)。第二部分还将探讨这些问题,关注如何在由各种系统组成的世界中创新未来。

5 创新未来

系统

上一章论述了未来依赖于推动社会发展的复杂系统。通常在这些系统运行过程中，其行为促成系统运行的群体并不知道自己是这个系统（或多个系统）的组成部分。系统大多“在后台”运行。例如，将行李运到机场、能源通到家庭、食品送到超市或者图像输送到电视机的系统都是这样运行的。人们每周去商店，每天通勤上班，每天淋浴，参与文化活动，大多数人都对这些日常行为的“系统化”和自己如何“支撑”系统一无所知。可以说人群“承担”了这些系统关系——这个理念引向马克思的观点：人是阶级关系的承受者而不是制造者。

事实上，只有当干扰性事件发生时，人们才能意识到这种系统依赖性。干扰性事件包括电池没有充电、记错密码、机械小故障导致发电站关闭并引起连锁混乱反应、信用卡被注销信用，以及冰岛埃亚菲亚德拉火山的火山灰云在2010年使飞机停飞等(Birtchnell,Büscher 2011)。干扰性事件经常与从一个系统到另一个系统连锁发生的系统故障有关。未来主义电视连续剧《最后的敌人》(*The Last Enemy*)讲述了一位数学家设计了一个将多个数据库连接起来的系统(BBC 2008)。但是,由于种种原因,他最后无法进入这个多个系统组成的系统,因为他的敌人(曾经的朋友)使他的射频识别植入失效了。所有的系统都失效了,他变成了一个虚拟的——也是实质上的——被放逐的人。

前一章提到棘手问题更需要"鲁莽的"解决办法而不是精巧的策略和方法。这意味着对于平行参与者和无缝整合的缺失依赖性更强。本章将探讨该问题与预测未来"社会物质"创新之间的关系。

创新

许多未来场景预测的核心问题是全新的出乎意料的社会物质系统。但在预测未来的过程中,我们应该抵制技术优先的分析——技术并不是因为内源性才发展的。技术一旦形成,它们也不可能按照自己的模式改变经济和社会格局。技术被嵌入经济、社会和政治生活的许多方面,休斯(Hughes)曾以电力系统为例来说明这一点(1983)。这样的系统不是自我控制的,或者免于非技术因素的影响。总的来说,休斯展示了社会对于电力系统发展的重大影响,尤其是通过"风格"理念产生的影响。图顿(Tutton)也表达了同样的观点,他说塑造未来的过程中会有许多"物质和含义的纠缠"(2016;Adam,Groves 2007)。

此外,最终决定未来模式的创新也未必就是最好的创新。创新所涉及的过程跟政策制定者们常常谈论和推进的线性理念并不相同。他们通常把创新说成是一个由层级执行者开启和实施的自上而下的过程，这一过程或来自一位卓越的企业家，或新技术的偶然发现，或是富有预见的政策制定者设置的知识创造系统。政策制定者们认为只要条件合适，创新就会起作用，未来的改造就一定会成功。

但是一个新系统的创新并非线性的，而是不可预测的。系统徘徊在自我管理的临界状态，人或者机构的一般行为对系统没有影响。真正关键的是能对物质或者社会系统产生巨大影响的偶发事件（Taleb 2007）。此类偶发事件导致历史飞跃式而不是爬行式发展。亚瑟认为新系统通常是现有要素的全新组合，包括机械、文本、技术、材料和组织（2009，2013）。创新是将孤立的要素组合成一个新系统，通常需要较长的时间，这样的系统不是单一的技术、经济、社会或者政治系统，而是这些系统的综合体。经常会出现某个偶发事件触发系统的新组合，从而改变未来。

系统创新涉及无数相关要素的共同演变；供需双方都有变化；许多行为体参与其中；长期的发展进程历时几十年；创新的起因并非一个单一的“政策”或“事物”。由于创新的组合特征，很难说清创新进程开始的确切时间——当回顾一个小的创新开始的时候，才发现那就是开启了一个**长期的**新时代系统创新的萌芽（Tuomi 2003）。

此外，技术常常是在发展中的，并与未来新系统中的其他要素同步作用产生预期的或者超出预期的结果。这样的系统也是在发展中的，其组织结构或者作用都不是预先决定的。许多“旧”技术也并没有消失，而是通过路径依赖继续存在，并与“新”技术通过重组集群结合起来。例如，造纸技术在“高科技”办公室里依然重要，这就是埃杰顿(Edgerton)所谓的“旧事物的冲击”(2006)。

新的系统形式,通常结合了明显没有关联的创新,这些创新发生在地理位置相距遥远的地方。变化发生后,许多参与者,包括制造者和消费者,都渐渐超越时间和空间同步行动(Strogatz 2003)。预测或者管理未来极其困难。参与者无法预知创新未来的结果、规模或者影响,因为该创新也依赖于其他地方正在发生的创新。在“网络文化”的发展历史上这一点表现得非常明显,1945 年后的几十年里,美国东西海岸通过网络化和信息同步发展了网络文化。特纳特别论述了冷战和反主流文化在形成他所谓的“数字乌托邦”过程中的作用。

某一时期看似闭锁的系统也可能瓦解。斯特罗加茨(Strogatz)认为“一个网络可以看起来很稳定,不受外界干扰。随后,另一个创新的种子出现,似乎和之前出现的没什么不同,但就是它激发了大规模的连锁效应。换句话说,在这第二个临界点,突现的变化并不多见,一旦出现即是巨大的变化”(2003:33)。一个新的“风尚”可能会对未来世界产生暴风骤雨般的影响,但在此之前很难想象未来的世界。

吉尔斯(Geels)特别强调“利基市场”对于系统转换的重要性。他展示了利基市场发展成“体制”,最终成为“大环境”的不同的可能路径(Geels 2014)。这样的利基市场创新通过学习过程、价格/性能提高以及获得权力群体支持而积累了内部动力。大环境层面的变化对体制产生压力,体制的不稳定为利基市场创新融入未来开启了机会窗口。这样的创新和现行体制出现矛盾,但在一定情况下能结合起来变成一个新的体制。但是吉尔斯也指出许多强大的现有体制抵制系统转换的方式,例如当前对建设“绿色经济”体制的抵制(2014)。

总的来说，吉尔斯论述了系统创新“并不只是技术产品的变化，还是策略、用户体验、基础建设、工业结构和象征意义等的变化”(2006:165)。如前一章所述，网络是创新的核心，因为“创新不是发生在物质世界里，而是在社会中和人的思想中”(Tuomi 2003:5)。因此，创新的前提条件是一个社会和经济模型。只有当一个潜在的创新成功嵌入特定的社会实践中，人们的生活围绕它重新构建，它才能成为核心。因而创新的先决条件是潜在社会实践的转变。等级系统强制执行政策或者商业广告很难引起新的社会行为的产生，例如汤普森和贝克所描述的情形(2014)。奥姆罗德认为世界远远不像“理性”规划者们所想象的那样可以控制。针对未来的决策很难做“对”，第 4 章探讨的各种针对系统问题的笨拙办法就说明了这一点(Ormerod 2012:265)。

因此系统不能被简单地看作“新技术”本身，也不能作为解释项。正如前文所述，技术具有“不稳定性”或“两面性”。亚瑟的论述是：“新技术引来更新的技术……可见新技术并不是一次性地破坏平衡……它导致的破坏不是偶尔为之，而是一个接着一个的后浪推前浪般的破坏。”(2013:5)通过给现存体制制造压力，新技术也为“激进的创新”创造机会(Geels 2010)。创新可能是“自下而上”的，出乎人们预料地来自领域之外，来自实验者或者非主流群体。19 世纪晚期出现的“汽车系统”就是这样发展起来的，早期的实验家和发明者都不知道汽车系统最终会成为什么样子，也不会料到最后它将在全球系统中占据主导地位(Dennis，Urry 2009；Franz 2005)。

在亚瑟看来，各个要素的结合导致了未来系统的形成，这种结合通常需要 30 至 40 年(2009)。同样，奈也指出过去的体制变化通常需要 40 年或以上。这涉及几十年的社会重组，包括交通系统、人口分布、工作性质以及社会活动(Nye 2014)。创新的发展确实是缓慢的:“在我们围绕新技术重组我们的活动并且这些技术适应了我们的社会之前,变革不会到来。要想发生变革,新领域必须获得更多的拥护者和特权。它必须找到存在的目的和用途……这需要的时间可能是几十年,而不是几年。在此期间,旧的技术将继续存在”,通常会阻止新技术的进入(Arthur 2009:157)。

从人们减少“碳足迹”的需要可以看出政策制定的问题。有人指出只要人们通过接受更多的教育进而更好地理解这种需要,那么他们就会寻求理性政策来减少未来的碳足迹,解决不可逆气候变化和长期能源危机问题,最终拯救地球。这种观点通常源于个人主义的“行为变化”策略,强调理性参与者受到激励和鼓动而改变思想和行为。然而,沙夫(Shove)和他的同事们强烈反对这种基于 ABC 模式——态度、行为、选择(attitude,behaviour,choice)——的行为变化。沙夫表明有必要转变或替换高碳社会行为,只有用更激进的方式才能使未来能源需求和二氧化碳排放大大减少(Shove 2010)。

有可能取得未来重要地位的创新还必须面对现行系统的强大势力,未来并不是虚空的。这样的势力使得改变系统很困难,现存系统中大部分人都通过社会网络形成了紧密的联系,跨国大公司则更愿意“一切照旧”,例如“碳资本主义”(Urry 2013b)。社会变化是极其缓慢的,例如 19 世纪晚期的汽车系统就维持了很久。

这种变化的缓慢源于未来受到的种种限制。这些局限性包括人类的认知和非认知能力,每个社会内部根深蒂固的惯例和传统,民族国家和国际国家的势力和保守作用,不同规模的关系密切的国际进程,原有环境的相对固定性,各种经济的、技术的和社会的路径依赖,既有的大气污染,全球大范围内持久的经济-技术、社会、环境和政治的不平等。由于大环境的这些显著特征，只有某些未来能够在一定时间内实现。

因此，未来并不是在等着我们去改变。未来学家巴克敏斯特·富勒(Buckminster Fuller)如此解释改变以及创新未来的艰难："任何改变都不是通过与当前现实的抗争而实现的。如果要改变，就要建立一个让旧模式消亡的新模式。"这个办法对于移动电话的发展来说是很有效的，它作为新事物出现后与固定电话共存，并没有直接影响到固定电话的生存。直到很久以后移动电话技术才使得现存的固定电话模式近乎消亡。

对于社会群体来说，要预测到底是什么能带来想要的变化也几乎是不可能的。我们已经说过，虽然许多群体都谋求变化，但要确保获得想要的未来是极其困难的。这点和希望变革的政治运动类似。19世纪中期作家亚历山大·赫尔岑有一句名言：革命吞噬了自己的孩子。有很多例子表明变革的结果远不是当初计划的样子。这些出乎预料的后果有时候侵害了最初发起变化的人的利益；"控制未来"是很困难的。

因此，人们几乎不可能知道什么能带来想要的未来变化。尽管许多经济和社会创新者正在努力以特定的方式改变世界，但依然不能改变这个事实。在不同的时间和空间进行的经济、社会和政治革新带来了许多出人意料的后果；这些后果本身又进一步产生了适应性和发展性系统的后果。在人类承载各种社会关系的系统中，了解和实现想要的未来变得尤其困难。怎样预测某个创新的一系列出乎预料的后果，从而避免变革吞噬自身？

此外，变革常常涉及熊彼特(Schumpeter)所谓的"创造式破坏"，系统内部和系统之间的一波破坏引发另一波破坏(1942)。任何新系统必须获得自己的"动能"以支撑进一步的具有多个正反馈机制的变化、创新以及新的权力关系。这些动能对于社会物质转化是至关重要的，但很难通过有意为之而获得。

但是，如果一个新的动能产生，它带来的收益将遍及全部网络系统，导致大范围的“规模收益递增”(Arthur 1994)。这种跨越网络化关系的外部效应通过正反馈机制造成产量和收入的非线性增长(例如20世纪90年代中期传真机出现在每一个办公室后所产生的效应)。“网络经济”改变了经济及其奖励制度的运作方式，有时带来大范围的巨大的非线性收益。收益递增源于实体间增强了合作以及相关网络间加强了组织学习(Benkler 2007)。这样的经济和社会收益能够锁定新系统，产生巨大的前进动能。

因此可以说进入新路径的转折不是源于现有企业、行业、实践和经济内部的线性变化。经济的驱动力来自企业的在位和退出，而不是企业个体的一次次创新(也许苹果公司是个特例，参见Atherton 2005;Beinhocker 2006)。创新大都出自新兴的公司、企业家、政府、非政府组织等。通常更新更小型的公司和机构能利用利基市场“在相对独立的环境下孵化彻底的创新”(Mitchell 2010: 89)。

创新过程涉及的许多个体并非是由市场主导的，如用户或者家庭、消费者、非政府组织，尤其是国家政府和国际组织。马祖卡托(Mazzucato)特别指出了创业型政府的重要性(2015)。她的论述表明所有使iPhone更加“智能”的创新实际上都是由政府资助的，包括互联网、GPS、触屏显示和语音控制Siri。她还指出今天的绿色革命没有获得长期的公共机构投资，而20至30年前的IT革命就是靠这种投资起步的。

冯·希佩尔(Von Hippel)论述了商品和/或服务的“用户”如何成为服务和产品的一部分，并促成了产品和服务的产生(2006)。

创新活动的核心常常是“破坏者”，他们反对主流的“资本主义精神”(Boltanski，Chiapello 2007)以及遵循可预测的既有路线的“渐进式创新”(Geels，Schot 2007)。

这种分析与现在所说的“负责任的创新”类似，旨在提高机构的能力以帮助研究者预测可能出现的未来影响，提出问题以展开更加开放和包容的对话，鼓励对研究动力和意义的思考并利用这些活动迅速做出反应，从而影响创新(Macnaghten 等 2015:92)。

但是，新系统的新要素常常不能形成有效的合力。创新停留在“利基市场”阶段，或者过段时间就消失了。失败系统的例子当然有很多。创新的混乱状态的结果是所有必要的要素没有同时出现、同步运作，并集合在一起。

20 世纪 60 和 70 年代法国修建的阿拉密斯捷运系统就是失败系统的一个例子(Latour 1996)。该系统将地铁的高效率和私人轿车的灵活性结合了起来，本可以成为个人捷运的一大进步。但最终结果是由于电子耦合太复杂而且很昂贵，该计划于 1987 年被放弃。当时没有出现大规模的数字化运动，数字化和电子化、机械化捷运构件结合起来就能将阿拉密斯组装成一个成功的运输系统。30 年后，数字化获得了发展，在特定的利基市场中相似的捷运系统正在运行，例如希斯罗机场和英国中部的米尔顿凯恩斯的捷运系统。未来也许它会发展成规模更大的系统，但就目前看来它还不太可能放弃汽车系统(Druce-McFadden 2013)。

“小”技术

各种例子表明不同的人类和非人类因素被卷入系统并成为系统的一部分。例如，许多和交通毫无关系的技术被转化成运输系统的要素，如锁和钥匙、防水衣、一次性杯子、杂志、地图、钟、手机等。我们已经看到新系统通常涉及许多业已存在的因素的结合，这些因素在本质上和功能上具有矛盾的倾向。不同的矛盾因素临时结合在一起，它们就成为新系统的要素。由于这些要素不一定是固定的，而是移动着的，可能会集合进入另一个系统，这将带来巨大的变化。

有些要素是微小的，但却能带来重大的后果。中国晋朝发明的马镫就是这样一个小变化。如果没有马镫，骑兵军事系统就不会影响整个世界，并且在 1 000 多年间巩固了以骑马快速运输和骑兵力量为本的社会。

另一个意义重大的小创新是汽车钥匙和锁，它意味着财产能被锁在车里，这非常有助于汽车系统的推广，汽车不再只是一种从 A 地到 B 地的交通工具。当代的一个小变化是标准信用卡的兴起，它开启了一种离家或者离开工作场所的出行新模式，旅行者不必再冒风险带着大量现金上路了。

因此，有些要素实际上或者从象征意义上来看是微小的，但却意义重大(参见 Birtchnell，Urry 2016；本书第 7 章)。它们常常是具体的小东西，人们带在身边，就像身体的一部分。因此大规模的宏大科技是以微小的、近在身旁的具体技术为前提条件，例如钥匙、包、化妆品、平板电脑、电话、卡、钢笔、刀、手包、螺丝起子、钱包、喷雾、书、发票、纸张等。尤其当人们在活动中依赖多种系统实现"移动生活"时，它们就开始发挥作用(Watts，Urry 2008)。

佩罗(Perrow)对于小技术的意义论述如下：

> 当你走近汽车时发现汽车钥匙(和公寓钥匙)忘在公寓里了，这没有关系，因为门廊里还藏了一把应对此类紧急情况的

备用钥匙(这就是安全装置,即冗余备份)。但是,你随后想起来这把钥匙前晚给了一个朋友,因为他需要取几本书,并且你预计他来的时候你还没到家。(Perrow 1999:8)

这样微小的、近在身旁的技术必须记得,不能丢弃,就像那些钥匙。丢失传统房屋的一把钥匙只涉及一把钥匙,从复杂性角度看它们是模块组合的,不牵涉其他技术(同一钥匙串上的其他钥匙除外)。

日常视作理所当然的小物件可能是高危的,失去它们也许意味着被许多系统排除在外;数字的便利会转变成极度的不便。人们为了记住这些小技术会利用一些技巧,有时是通过记忆术确保它们处于“上手”状态,也就是海德格尔认为这些日常物件结合后需要达到的状态(1962)。它们是许多社会行为内在固有的,人们会通过记忆手段如检查、每日例行、备忘提示、参与介入来确保微小因素在合适的时间、地点和条件下保持“上手”状态,否则它就只能是“应手”状态,就像海德格尔所描述的坏了的锤子的状态(1962)。

因此,如果没有小技术确保安全、交流、身份识别和娱乐,许多日常活动都无法进行。有一个小物件是一张叫作“饼干”的小卡片,它藏有美国核弹发射密码,是军事上最重要的技术之一。但是据罗伯特·帕特森(Robert Patterson)上校透露,美国前总统比尔·克林顿两次丢失了这张卡片,他将裤子送去干洗,却忘了将卡片取出(2003:56)。因此,在保证小技术安全并处于“上手”状态方面每个人都可能出错。应对这个问题的一个办法是备份,例如备用钥匙、备用眼镜、其他信用卡、多个数码设备、在“饼干”丢失不见时提供备份的副总统。但是这样的备份又会导致记忆的懈怠,使得小物件更容易丢失、放错地方或者被盗。

对于小技术的依赖显示了平凡事物对于未来系统变化的影响。例如，电动汽车系统在世界范围的发展部分依赖于通用插座这个小技术，它匹配所有国家的充电点，并且不会被人为损坏(Royal Academy of Engineering 2010)。如果没有这个小技术，没有这个电力工业的创新，想在不久的将来实现用大量的电动汽车替代燃油汽车的前景十分渺茫。

接下来我将论述发展理念如何将某一种未来前景发展为必要的新系统。

发展和未来

发展的理念或明或暗地存在于关于未来的预测中，它设定预测未来是可能的，并且未来是现有基础上的进步。关于发展理念有许多观点，但大多数认为存在并且应该存在一个无限发展的过程(Foster 2015:51—2)。人类已经、正在并且将要取得进步。不应该对未来发展加以限制。

这种关于发展的论述被用来论证许多经济、社会和政治变革的合理性，就像人们常说的“我们不应该阻止进步”。许多发展被看作是确凿无疑的进步。常常有人指出石化大公司、大数码公司和医药技术应该得到大力支持，这样才能实现拥有持续平稳发展的未来。

宣扬发展理念者使用的一个不着边际的辩论武器是得名于18世纪末英国人内德·勒德(Ned Ludd)的勒德思想。称某个人是“勒德分子”，就可以用来诋毁那些想抵制不可阻挡的进步进程的人。个人和机构都可以被贴上勒德分子的标签，他们被认为阻碍了人类生活的进步和改善(www.newstatesman.com/sci-tech/

2014/08/new-luddites-why-former-digital-prophets-are-turning-against-tech)。政治成为两个群体间的斗争,一方是进步的信仰者,另一方是试图阻挡发展的勒德分子。

这种勒德主义的话语可以在伊恩·麦克尤恩关于气候变化的小说《追日》中主人公两难境地的表达中见到(2010:149—50;Foster 2015:60—1)。书中,诺贝尔奖获得者、物理学家 Michael Beard 认为社会必须保持发展,只有从传统的化石燃料能源转向新能源太阳能才能获得发展。Beard 指出气候学已经得到了全面的建设,它表明全球变暖正在发生,并且是由燃烧化石燃料引起的。对于小说中人物 Beard 来说,核心要务就是保持发展,尤其是找到用得起的清洁新能源。因为太阳能解决了气候变化问题,反对使用太阳能就被 Beard 看作是勒德主义。

小说的很多内容都是描述 Beard 各种越来越绝望的尝试——就像他个人生活的自我毁灭一样——想获得对太阳能开发的全球大额资助,确保持续发展。为了获得对太阳能的支持,Beard 举例说明,虽然过去勒德分子抵制创新,但事实是发展总能胜出,例如工业革命、内燃机和互联网。在这些情况下,发展的力量战胜了勒德主义。Beard 指出解决气候变化带来的大问题的唯一办法,就是把太阳能作为发展的一种新动力。

因此,发展理念是看待未来的一种方式,通过把某种创新的反对者看作勒德分子,进而将未来描述为必要的和必然的。然而,对发展理念可以有不同的理解。例如马丁·路德·金曾经说:"人类的进步不是自动的,也不是必然的……朝着正义目标的每一步都需要牺牲、受苦与斗争;奉献每个人的不懈努力与真诚关切。"(www.thekingcenter.org/blog/mlk-quote-week-time-vigorous-and-positive-action)。这一雄辩的观点表明,进步的或者广义的未来不是自动发展的，而是涉及苦难、斗争和冲突。单纯简单的进步并不存在，因为一个社会群体的进步可能是另一个社会群体的失败。实际上，社会未来的理念强调大多数新发展都涉及社会斗争和冲突，有胜利者，也有失败者(有时候只有失败者)。

结论

本章论述了系统变化的意义以及未来创新需要经历的通常是长期而具偶发性的系统集合过程。就像创新拼图中的最后一个碎片，微小因素在系统中可能是至关重要的。本章还说明了社会实践的重要性，它们决定了哪种技术得到发展并改变世界。我也提到了创新的商业和社会学模型。

我们还注意到发展理念和勒德主义在实现某个未来愿景的话语和斗争中的重要作用。本章也陈述了很难预测未来的原因，未来不是空洞的，也不是开放的、固定不变的和既定的。未来是多样化的，矛盾的，复杂的。下一章将简要叙述和评估一些整体预测未来的方法，这些方法将用于处理本章提到的复杂系统并解决未来预测中的困难。

6 预测未来的方法

引言

在第二部分我们知道了为什么未来如此神秘，如此难以预料和规划。确实不存在关于未来的科学。然而，人们还是做出种种努力预测未来，本章将探究其中的一些方法，有“艺术范畴的”，也有“科学范畴的”。应该引起注意的是有些“未来学”方法已经商业化，可以购买、出售和流通。在一定程度上，未来已经成为一套可售卖的产品，对于许多机构的战略来说具有关键作用。目前存在一个重要的出售“美好未来”的商业市场。

向历史上的未来预测学习

第一个预测方法就是向历史学习，尤其是研究过去某个时期的新技术和新观念是如何得以发展、应用并为世人认可的。马文

(Marvin)在其著作《当旧技术还是新的》(*When Old Technologies Were New*，1988)中分析了一个非常好的向过去学习的例子。另一个向过去的未来预测学习的例子请参见第 8 章的阐述，第 8 章探究了许多创新的历史，这些创新结合起来最终构成了“汽车系统”。

另一个回顾历史的方法是研究过去人们预测未来时用过的方法。奈吉尔・考尔德(Nigel Calder)的著作《1984 年的世界》(*The World in 1984*)尝试预测各种技术的未来以及它们是否能够带来进步(1964；参见 Armytage 1968，关于《昨日明天》[*Yesterday's Tomorrows*])。1964 年，一些权威的技术专家受邀预测 20 年后的 1984 年的未来前景(这个年代典故出自奥威尔的同名小说)。来自 IBM 公司的亚瑟・塞缪尔博士(Dr. Arthur Samuel)预测不仅电话将变成移动的，图书馆也将消失。他认为世上记录下来的知识都将转换成可机读的形式，远程终端提供所有的电影、信息和书籍供读者取阅(Calder 1964：142—7)。

剑桥大学的威尔克斯博士(Dr. Wilkes)阐述了未来联网计算机的重要性。他认为计算机可以跨国界交流，互相传送信息(Calder 1964：148)。威尔克斯还提出警告，计算机将“更加密切地监视人们的所作所为”，他预见到了如今受到批评的所谓的监控型社会(Calder 1964：149)。

然而，没有一个计算机专家在 1964 年成功预见到硅的转化功能并最终成为计算机芯片的基本原料。硅的原子结构使它成为理想的半导体材料。由于硅的使用，英特尔公司创始人戈登・摩尔(Gordon Moore)在 1965 年预言微处理器上的电子元件数量将每两年翻一倍，这就是摩尔定律的发现(参见第 1 章)。起初这只是一个普通的预测，但最终成为快速发展的计算机行业清晰的未来图景和目标，其核心是计算机的计算能力将以几何级别飞速增长(参见 Turner 2006)。

对未来的预测大体准确但时间点常常是错误的，造成这一现象的一个原因是未来是非线性的。根据亚瑟对新技术形成的分析，未来源于社会和技术发展进程的结合(2009)。它们在某一时间的发展取决于其他“事件”，而其中的一些也属于未来事件，例如计算机领域中的黑天鹅——硅——的使用。预测未来对于社会科学非常重要，但也是最困难的任务，因为其中涉及许多互相依存的偶然事件，它们共同作用激发了理论、实践或技术新系统的产生。

研究“失败的”未来预测

第二种思考未来的方法是研究“失败的”未来预测，根据预测本应发生的巨大变化却没有按预期发展并改变世界。关于超音速协和飞机的失败预测比较有意思，说明“最快的”“最先进的”常常未必就是最成功的。另一个失败的预测是在 20 世纪后几十年里人们经常做的预言，认为现在所有家庭都会拥有承担家务的家用机器人。还有一个经典的失败预言是 IBM 公司总裁托马斯·沃森(Thomas Watson)做出的，他自信地宣称：“我认为全球市场只需要五台计算机。”(www.techhive.com/article/155984/worst_tech_predictions.html)

与预测未来相关的一个活动评估了《科学美国人》(*Scientific American*)杂志于 2005 年做出的 50 个预测(http://gizmodo.com/why-scientific-americans-predictions-from-10-years-ago-1701106456)。总的来说，许多预测在 10 年后还没有实现，相关工作仍在继续，人工智能就是一个明显的例子。许多这样的热点创新需要更长的时间才能获得应用，其前景更加不确定。因此，碳纳米管没有产生预期的影响，在一些应用方面被石墨烯新材料超越。一些预测过的未来，尤其在医学领域，最终走入死胡同，公司破产，相关科学家被看作骗子。其他预测则有待改进，例如空客 A380 飞机将大规模发展，但飞机在商业上远没有预期的那样成功。还有一些创新并没有被预测到，实际上却悄悄地快速发展，例如第二次世界大战之后出现的雷达。

因此，正如吉尔斯和斯密特（Smit）所述，技术和未来之间存在有趣的关联（2000）。首先，未来预测在很大程度上受到当时变化中的社会文化预期的影响，而不是仅仅受到技术发展可能的影响。第二，一个领域的技术发展可能导致其他领域的变化；存在许多潜在的交叉作用。第三，通常可以想象新技术会以戏剧性的方式取代旧技术，但常常会有一段较长的两者共存的时期；因此，无纸化办公室较少，而需要纸张和计算机共存来进行打印的办公室较多。第四，人们常常以为社会实践总体是保持不变的，但通常并非如此。新技术可以同时具有替代和生成的作用。新的社会实践出现时，没有人知道它们会成为人们生活的一部分，或者正是人们所需要的。手机短信的发展就是一个很好的例子，这种未经规划的变革技术带来了许多新的社会实践，人们都不知道他们想要参与其间，更不用说“需要”了。

此外，许多未来思考太关注功能，忽视了变化中的社会实践的社会-情感基础。一些潜在的新技术只是功能卓越，并不代表它们会被广泛接受，会更流行，或者精神上更令人满足。例如，由于其开发者的宣传，现在人们对于无人驾驶汽车表现出了极大的热情，但它们能带来怎样的社会实践尚不清楚。

另外，新技术的融入常常比技术乐观者的预期需要更多的时间，面对更多的阻力。实际上，新技术的“收益”没有预期的那么明确。吉尔斯和斯密特将这样的技术利基市场称为“有希望的怪物”(2000:879—80)。技术创新者常常高度宣扬新技术代表毋庸置疑的“进步”来吸引注意力，尤其是吸引投资，因为初级阶段的“进步”是一个相当有限的系统。诱人的未来前景所具有的施为功能对于新系统的创新至关重要。这样的未来预测提供了一个保证，推动现在朝着进步的方向而不是勒德主义的方向发展。

反乌托邦式预测

第三个预测未来的方法是进行反乌托邦式预测以警醒生活在当前的人们。反乌托邦恰恰反映了让社会朝着想要的未来方向发展有多么的困难。各种锁定、路径依赖和非预期后果意味着反乌托邦式未来是常见的结果，即使规划的是完全不同的未来。这些因素使得黑暗的未来很难避免(Beck 2009)。文学作品表现了许多人们想要避免的反乌托邦式未来图景(参见迪斯马乐园近期的艺术展览：http://en.wikipedia.org/wiki/Dismaland)。以下就是一些最具说服力的反乌托邦式未来。

首先是**社会的崩溃**(参见 Dunn，Cureton，Pollastri 2014；Kumar 1987)。一个很好的例子是 1973 年欧佩克石油价格上升之后出现的电影《疯狂的麦克斯 2》(*Mad Max 2*)(发行于 1979 年)。在这一时期，各个公司和国家努力减少对“外国”石油的依赖。人们拼命弄石油以确保汽车用油(www.couriermail.com.au/business/scientists-warnings-unheeded/story-e6freqmx-1111112631991)。《疯狂的麦克斯 2》展现的是一个面临社会秩序崩溃的荒凉的反乌托邦式贫困社会，崩溃的原因是出现了“汽油荒”。因为能源短缺，爆发了血腥的战争，这个崩溃社会的部分权力掌握在能提供像短途飞行器这种新动力工具的人手里（参见《疯狂的麦克斯：狂暴之路》，2015）。

第二种未来是大力加强监控的世界，这一形象常常取材于奥威尔关于老大哥和新语的描述。让-吕克·戈达尔（Jean-Luc Godard）1965 年导演的影片《阿尔法城》（*Alphaville*）表现了一个未来主义的没有灵魂的社会，这里所有的自由思想和个人主义理念都是非法的。人们不许问“为什么”，只能说“因为”。居民如果表现出感情，就会被看作没有理性，会被集中起来审讯并常常被处决。每个旅馆房间都放有字典，并且经常更新，能引起感情的词汇都会被禁，这令人想起奥威尔作品中的新语。阿尔法城被刻画成一个没有人性、与世隔绝的反乌托邦城市，一切都在无所不能的计算机阿尔法 60 的掌控中。在此之后还出现了许多表现监控型社会的作品，作品展现的逃离监控的地方大都远离社会的权力中心。

第三种反乌托邦式未来是人被“原子化”的社会，与 E.M.福斯特描述的强大的大机器类似。这种未来可见于 1996 年的电影《十二猴子》（*Twelve Monkeys*）中。电影的背景是 2035 年后启示录时代的费城。因为一种致命的人造病毒的出现，人类被迫隔离，生活在地下。城市地面上几乎没有人类的活动。电影主要的情节是一个罪犯通过时空穿梭回到过去执行一个危险的任务，他要收集病毒的相关信息以便战胜它。电影还表现了技术使得人们不再试图与别人交流。与此相似的是维勒贝克（Houellebecq）的《原子化》（*Atomised*），小说描写了两个缺爱的同父异母兄弟的空虚日常生活（2000）。小说表明人类最终都如同孤独隔离的微粒，所以这本小说又名《基本粒子》（*The Elementary Particles*）。

第四种未来是法规法律过度约束的社会，结局是财富流失。

美国新自由主义的代表作安·兰德(Ayn Rand)的鸿篇巨制《阿特拉斯耸耸肩》(*Atlas Shrugged*)就描述了这样一个社会(2007[1957])。小说描绘了一个反乌托邦式的美国,面对咄咄逼人的新法规,一些杰出的成功企业家放弃了财产,离开了国家。工业崩溃。《阿特拉斯耸耸肩》宣扬理性、个人主义和资本主义,批判了失败的政府干预。兰德将人类视作英雄,有自己的幸福,追寻幸福是人生的目的。掠夺者和非掠夺者之间有重要区别,掠夺者是那些支持高赋税、大工会、国有制和政府支出、政府计划、管制以及再分配的人。

第五种反乌托邦式未来是在后启示录时代废弃的城市背景下由"生化电子人"控制的世界。电影《银翼杀手》(1982)的背景设置在2019年(为时不远了!),其中的基因工程复制人由超级大公司制造,外表看起来跟人类没有什么不同。复制人不得进入地球,他们被迫在外空殖民地做一些危险的工作。回到地球的复制人被银翼杀手强制"退休"。电影的主要情节是四个逃跑的、绝望的复制人藏身洛杉矶,遭到专业银翼杀手的追杀。电影因其中许多反乌托邦式的黑暗和未来主义场景而闻名,场景展现了高密度的人群生活、绵绵细雨、闪烁的霓虹灯和飞驰的汽车(Dunn, Cureton, Pollastri 2014:41)。郊区不再出现,地球已经衰败,成百万的人们移居到别的星球。留在地球上的人居住在大型"垂直城市"里,新建的大楼高达400层,与过去的破旧废墟共存。

第六,地球出现戏剧性的"撤空"现象,街道或者乡村出现不同程度的荒凉和衰败。看到熟悉的地方曾经人来人往而现在空空荡荡,不免感到震惊。这样的人口崩溃常常是由某个致命的植物或者病毒造成的,而它们通常是由科学家在他们自己的实验室里制造出来的。约翰·温德姆(John Wyndham)的小说和电视连续剧

《三尖树时代》(*The Day of the Triffids*)(Wyndham 2008 [1951])以及丹尼·博伊尔(Danny Boyle)的电影《惊变 28 天》(*28 Days Later*)讲述了这类科学怪人的现代版故事。以 2500 年为背景的电影《未来水世界》(*Waterworld*,1995)是另一个例子。人类造成的气候变化使得北极冰帽融化,海平面上升了几百英尺,地球表面大部分被海洋覆盖,文明已经到了水下。在这儿,人类必须面对水世界里的生活。地球“撤空”还有一个版本是人类已经无法忍受地球上的生活,许多人将太空看作最后的避难所。玛吉·皮尔斯(Marge Piercy)的《时间边缘的女人》(*Woman on the Edge of Time*)描述了富裕精英阶层生活在太空,通过精神类药物和情绪控制外科手术来控制大众(1976)。有各种关于逃入太空的版本出现,太空拥有生命生存的条件,而通常由于人类活动的破坏作用地球已经失去这些条件。2013 年的电影《极乐空间》(*Elysium*)展示的是穷人留在地球而富人在极乐星球过着美好生活(参见《星际穿越》[*Interstellar*],2014)。

大部分反乌托邦式未来预测都是以上版本中的一个,都应该避免让其成为现实。对于生活在现在的人们,它们是一种警告,提醒我们转变方向,不要按部就班照常行事,应选择一条不同的道路。

乌托邦式预测

本书中我们已经关注了开始于莫尔的著作《乌托邦》的乌托邦发展史(Kumar 1987;Levitas 2013)。人们做出种种努力建立关于未来社会模式的乌托邦式设想。鲍曼认为人类拥有自由设想未来的能力,因而可以打破现存惯例和标准的束缚(1976)。具体来说，“作为未来预测的方法，乌托邦”参照的是现在。鲍曼认为“乌托邦是针对当前恶化的问题提供出路的能力，它的出现是历史转变的必要条件”（1976：13；Levitas 2013）。鲍曼将这一过程称为“活跃的乌托邦”，它从来没有完全实现但处于极限可能的边缘。在雷蒙·威廉斯看来，乌托邦因此“代表渴望，作为一种想象，激励人们用不同的方式去感受和应对”（1983：13；Bauman 1976；Pinder 2015）。

埃里克·奥林（Erik Olin）对现有的乌托邦设想做了重要的社会科学研究，他认为人们应该“不仅预见到现实的乌托邦，还要努力将乌托邦变为现实”（2010：373）。列斐伏尔表达了类似的观点，他很看重20世纪60年代和70年代发生的城市变革背景下的实验和发明。本书后面几章将探究各种现实的乌托邦，它们的目标是“让今天不可能的在明天成为可能”，这是社会科学和社会政策的关键动力（Lefebvre 1976：36）。在皮德尔（Pinder）看来，乌托邦思想具有“重建可能性”的重要使命（2015：32）；这样的重建可能性也适用于第8章将要探讨的建设无车城市的乌托邦设想。

罗伯特·卢埃林（Robert Llewellyn）受莫里斯《乌有乡消息》的启发写成的小说《栀子花园消息》（*News from Gardenia*，2013）是最近的一个乌托邦设想的例子。小说又名《万事纠正妥当的世界》（*A World Where We Have Finally Got Things Right*），背景设定在2211年，主人公Gavin不经意间穿梭到了这一年。Gavin来到了一个乌托邦的未来，这里许多人住在小型的社区里。他们吃高质量的水果和蔬菜，寿命相当长。这里没有工业，没有大城市，也没有政府。每个社区根据需要自给自足，没有不平等、犯罪和监狱。人口比现在少得多。人们认为自己首先是“园丁”，Gavin到达的区域就叫作栀子花园。这个叫作栀子花园的乌托邦是如何出现的呢？

卢埃林的小说重点描绘了21世纪50年代中期这一黑暗的年代，战争连绵，系统崩溃，包括石油供应系统和工业生产组织系统。三个超级大公司（俄国天然气股份公司、沙特阿美石油公司和谷歌？）互相争斗，造成多年的冲突和混乱，包括他所谓的中俄能源战争。在此时期，海平面升高，伦敦已经变成一个荒无人烟的大湖。

结果是出现了许多小型社区。这些社区脱离电力供应网，自己生产基本免费的能源，不再依赖化石燃料。这些能源通过一个与"经济"相反的被称作"非经济"的系统向外输送："我们像园丁一样护理着这个国家，我们照料它，不浪费，不积累财富，不从比我们贫穷的人那儿索取任何东西。"（Llewellyn 2013：63）这样的社会依赖于新技术。有趣的是，年长的居民会批评年轻人缺少必要的技术和能力开发新能源以取代衰竭中的旧能源。

对于这些乌托邦设想，有一种批评是认为它们通常没有具体说明如何使当代社会走向乌托邦式未来。所以尽管《栀子花园消息》详细描绘了未来世界，却几乎没有分析如何集中必要的社会力量实现这一重大转变。卢埃林的作品描述了一段"黑暗时代"，这是当代社会从现在走向未来乌托邦必然要经历的事件和历程，但他的分析也有很多局限。

文学、电视、电影中以及迪士尼和其他主题公园里的未来主义场景都表现了另外一些乌托邦设想。2015年的迪士尼电影《明日世界》（*Tomorrowland*）就是最近在银幕上展现的乌托邦未来，该片部分取材于迪士尼主题公园中的同名主题区域。迪士尼真的在佛罗里达打造了一个乌托邦式的塞利布雷申小镇，尽管有人批评说它更像反乌托邦式的而不是乌托邦式的未来（www.theguardian.com/film/2015/may/21/tomorrowland-disney-strange-utopia-shapedworld-tomorrow)。

在本书第三部分，我们将回到对各种乌托邦设想的讨论，探讨它们在帮助想象、预测和实现现在看似难以实现的未来方面的重要作用。

推理式预测

第五种预测未来的方法是由现在推断未来。较早运用这一方法的有马克斯·韦伯对于愈演愈烈的官僚主义“铁笼”的论述，埃米尔·涂尔干关于现代社会生活中混乱和无序将在未来蔓延的预见，以及齐美尔预测都市生活将不断促进守时系统的生成和倦怠感的扩散。

较晚一些出现于 20 世纪 60 年代和 70 年代的一种社会科学推理案例是现代化理论。该理论为现代社会设想了一个单一的发展轨迹。如果社会接受西方教育、自由市场、西方价值观和政治模式，那么它们就会沿着现代化的道路前进，这被看作是最好的社会发展模式。这个理论产生了重大影响，世界银行和国际货币基金就曾采纳并运用“现代化”的各种观点。然而，阿帕杜莱(Appadurai)却论述了这种由现在推论出一个单一未来的经验主义错误，从而指出了现代化理论的缺陷(2013：218—20)。

近期的未来推理变得更加富有技术性，通常先获取关于刚刚过去的时期的时间序列数据，再做出推理，然后获得关于未来的“远见”(Son 2015：128)。这种未来预测大都先假定“一切照旧”，主要问题是新技术的产生和它将在未来发挥什么作用。这样的预测将现在的某个特征看作关键要件，它将在未来发挥作用。

但是许多这样的推理并没有准确地预测未来，例如 1970 年前后出现的许多类似预测（https://www.aei.org/publication/18-spectacularly-wrong-apocalyptic-predictions-made-around-the-time-of-the-first-earth-day-in-1970-expect-more-this-year）。对于这种推理来说，尤其困难的是两个有关所谓变革“驱动力”的问题。第一，这种推理常常建立在对过去长期路径依赖关系理解有限的基础上，对过去的依赖很难消除。梯利（Tilly）的《强制、资本和欧洲国家》（*Coercion, Capital and European States*）很好地阐述了过去的重要性（1992；参见 Morris 2011）。该书研究了 1 000 年的历史，表明多段历史紧紧纠缠并影响未来的发展。结论是未来变革的驱动力必须源于对长期历史影响的理解。或用 1936 年凯恩斯简洁明了的评论来表达就是：“困难不在于接受新思想，而在于摆脱旧思想。”（1936：viii）

第二，这样的推理忽略了不远的将来各要素或各组成部分之间关系的变化以及这些变化如何破坏线性推理。因此，推理对可能出现的巨大的非线性变革重视不够，尤其是那些出乎预料的极端事件引起的变化。如本书第 4 章所述，这些极端事件能引起社会发展进程的逆转、突然中断或者到达一个临界点。

未来情景预测

最后一种——在某种意义上是最重要的一种方法——是情景构建。这一方法由兰德公司和壳牌公司在 20 世纪 60 年代晚期和 70 年代早期提出，此后被许多世界大公司采用（Hiltunen 2013；Son 2015：127；Turner 2006：186—9）。情景构建涉及按照已经出现的潮流、变化的主要源头以及经济和社会生活的可能模式为未来的某一年设定经济或者社会特征。这样的情景常常需要详细描述，附上图示以帮助人们想象它的特征和潜在特性。情景构建者会具体描绘将要发生的事件或者进程，以确保该情景在选定的时间实现。通过在"情景构建工作坊"里进行的回顾法信息处理，构建者不断努力确定必要的条件和事件以确保该情景能实现。

有时候会出现好几个具体的情景（参见 Atherton 2005，小企业发展的八种未来情景）。这些情景常常源于二乘二列联表（参见 Hunt 等人 2012，关于气候变化的未来）。本书第 7 章详细介绍的一个研究中就 3D 打印的未来前景提出了四个情景供讨论工作坊研究。分析者通过回顾法分析每一个情景中各种事件发生的可能性，进而判定哪一种未来可能性更大。如果这些事件可能发生，那么情景也更可能实现。人们可以主张某些政策用于促进这一未来情景的实现，或者阻止某一不想要的未来情景发生。

一个有趣的情景构建例子是乔纳森·波里特（Jonathon Porritt）的《我们创造的世界》（*The World We Made*，2013）。本书详细而全面地分析了为实现 2050 年的动态情景必须发生的重要事件和变化。作品通过生于 2000 年的历史男老师 Alex 的视角，于 2050 年回顾之前的历史，详细叙述了前几十年发生的事件。书中事实与虚构交叉，描述了前几十年中的 50 个情景。其中图示清晰，有未来的照片，也有画作。本书的主题是号召大家努力建设一个可持续发展的世界。书中的 Alex 说到 2050 年 90%的能量都来自可再生能源，尤其是太阳能；纳米技术、仿生学和 3D 打印改变了制造业；个人基因组学使得每个人都可以管理自己的健康，寿命更长；幸福而不是财富成为人生的重心，社会不平等大大减少。书中表现的未来特征在本书后面几章中也会论述到。

该书的开头是一张有趣的年表，记录了在人人参与创造 2050 年的未来世界的过程中发生的许多事件，尤其是"技术"的发展。

波里特展示了一幅乌托邦式前景，“我们已经差不多拥有一切必要的技术来完成我们的工作”(2013:275)。他认为通过一些阶跃式变化，世界已经实现“生机勃勃、充满活力、大胆而富有创新精神的转变”(Porritt 2013:276)。特别重要的是产生了他所谓的“全球同理心”，而不是人人为敌的战争。两种技术——互联网和太阳能——推动了这种同理心的产生，而且这两种技术被公司私有化的可能性很小(关于全球同理心，参见 Rifkin 2009)。太阳能被称作“人类历史上最伟大的、最能带来公平的技术产物”，它几乎无处不在，在 21 世纪它的费用直线下降(Porritt 2013:269)。

在波里特看来，这样的 2050 年不是平稳到来的。因为书中记述了一路走来可能出现的许多几乎引发逆转的灾难性事件，他的回溯预测非常出名。在不同时期出现的事件包括发生在中东的水资源引发的暴力冲突、石油峰值、网络恐怖主义(特别是针对核电站的)、飓风和大洪水、大饥荒、气候变化灾难、肉类供应峰值，以及像“够了！明日宣言”运动这类大规模抗议活动。

然而，波里特还清晰而详细地论述了这些事件也推动了社会技术的进步，并且有助于通过创新应对危机。波里特将危机看作创新的基础，尤其是通过在金融和资本市场领域的“全球合作行动”做出的组织创新。这样的创新包括旧城改造、创建新生态城市、建设共同住宅、发展社区农业、开拓“虚拟旅行体验”(关于城市设计，Porritt 2013:128—9)。

波里特详细分析了未来几十年的变化，同时简要论述了人类如何从“崩溃边缘”挽救了世界。书中涉及对一个更好的未来世界所做的回溯预测，说明为什么会出现各种事件，而其中的一些在其他作家笔下可能是灾难性的。对于波里特和他在书中的另一个自我 Alex Mckay 来说，世界确实能成为一个更美好、更公平、更令人满意的地方，但只有通过一个大批“已经放弃旧世界观的年轻人、非政府组织、商业领袖、企业家”参与的社会运动才能实现(Porritt 2013:6)。

该书是对一个合理的具体的理想未来所做的唯一的最详细的回溯预测；它详述了为了在2050年实现“我们创造的世界”梦想所需的系统变化。在本书后面几章，我将展示一组有关全球制造业、城市交通和气候变化等并行系统的未来情景。

结论

在本书第二部分概述的复杂理论的指导下，六种未来研究的方法得到了详细的阐述。本章简单介绍了这些方法，它们是向历史上的未来预测学习、研究“失败的”未来预测、反乌托邦式预测、乌托邦式预测、推理式预测以及建立未来情景/回溯预测法。

本章论述的乌托邦式预测和建立情景预测法是未来预测中应用特别多的方法，它们的预测都是在本书第二部分介绍的复杂系统理论的指导下进行的。第三部分的章节将阐述利用这些不同的方法所预测的不同未来场景。第7章研究制造业的未来及其新系统，在此系统中产品或数据可以通过实体运输或者数字运输方式从生产者处运送到消费者处。第8章探究未来城市以及在未来城市中心后汽车时代交通系统替代汽车系统的程度。第9章研究变化中的未来气候及其研究方法的复杂性。气候未来的变化是当代未来学最重要的课题，尤其是亟须迅速发展的低碳系统。

第三部分　未来情景

7　制造未来

制造产品

本章将探讨未来的几十年中如何“制造”产品这一未来变化。在传统制造过程中，人类根据设计用工具、机器对材料进行加工。根据人脑中、书上、图纸上和电脑软件中的设计制造出的产品与人之间存在一个共存关系。产品一旦被制造出来，通常会被运到别的地方出售和使用。许多产品的运输距离愈来愈远。但是关键的概念是“共存制造”，包括生产者、生产材料以及马克思所说的“生产力”。

直到18世纪，大部分产品都是由当地男性工匠利用附近的材料和能源直接制造出来的。这些工匠包括铁匠（铁器制品）、五金工匠（金属制品）、皮匠（鞋子制品）等等。原材料、能源和最终产品都不需要长距离运输，除了那些男性主导的行业区分（女性则是育儿行业）之外，劳动分工相对较少。

然而，从18世纪晚期的英国开始，制造业向工业制造的重大转变意味着手工制造业的重要性削弱。人们去很远的地方，到先用煤炭，后来使用电力的“黑暗的魔鬼磨坊”、车间和工厂上班。工人和机器构成新的组合进行工业生产。工作流程变得更加复杂，政治经济学家亚当·斯密在描述一家扣针工厂如何得益于劳动分工时分析了这种工作流程(1979[1776])。这种劳动分工导致了大型规模经济的发展。原材料和最终产品都通过蒸汽火车远距离运输到外地，后来在20世纪，运输工具变成了卡车。许多工厂使用从殖民地掠夺来的原材料，这些“资源”变成了产品，通常又返回殖民地出售给当地人民(Urry 2014b)。

到了20世纪60年代，更加自动化的大规模生产意味着熟练工越来越多地被标准化和机械化的生产流水线所取代。美国大公司(欧洲的类似企业)组织管理生产、雇佣、升职、福利和节省支出。这些公司的员工由“企业人”组成，他们供职于垂直整合的组织机构。“有组织的资本主义”或者福特主义的核心是相对稳定的制造低成本产品的大型公司(Lash，Urry 1987，1994)。

但是，随着20世纪70年代首先在美国出现的西方资本主义的“瓦解”，工业企业越来越趋向分崩离析。关注短期“股东价值”(能短到一秒钟)的金融机构获得了所有权。大公司及其对工人和地方的长期责任已经过时，21世纪之交美国公司的数量减少了一半(Davis 2009；Sennett 1998)。给予“企业人”合理慷慨福利的企业文化不再普及。美国传统制造业密集的所谓“铁锈地带”的许多企业和城镇经历了收入和就业骤减的困境。类似的变化也发生在其他发达经济体中，制造业已经从基于大型垂直整合企业的制造业中心转移出去。

与此相关，许多制造工作已经转移到工资低、工会化程度低、流水线工作规范程度低的国家。制造业的离岸外包是金砖国家(BRICS,巴西、俄罗斯、印度、中国、南非)发展的关键。布林德(Blinder)认为离岸外包生产是“下一次工业革命”(2006)。许多生产活动被转移到了法规薄弱、税负较少的地区,这里劳动力更廉价,工会化程度低,限制较少,可塑性较高(参见 Urry 2014a,关于离岸外包)。普遍的说法是产品在富裕的西方国家设计,但在不发达的国家制造/组装,尤其是在一些亚洲国家(Saunders 2010;英国公司中这样的例子有深受赞扬的戴森公司)。

集装箱货轮的发展是这种模式——又称沃尔玛模式——出现的关键。塞库拉(Sekula)论述了“美国 20 世纪 50 年代中期发明的货物集装箱如何改变了港口城市的空间和时间……集装箱好像一口装载着偏远地区劳动力的棺材,隐藏着对世界远方人民剥削的证据”(2001:147;Cudahy 2006)。对于基于全球生产、分销、消费、投资和运输的更大型的社会物质系统,平均长度 20 英尺的国际集装箱标准单位(TEU)意义重大。大量由发展中国家生产出来的产品被保护壳一样的集装箱包覆起来,集装箱货轮在世界贸易和全球制造中占有主导地位。这些货轮变得空前庞大,有些船只运输集装箱的能力惊人,能装载 18 000 个集装箱。庞大的货轮导致了港口城市的重新设计以及世界贸易版图的改变(Birtchnell,Savitzky,Urry 2015)。

因此,集装箱成为以廉价非熟练工、低成本能源、低污染标准和“自由贸易”增长为基础的经济“组合”中的一个重要构件。这一社会物质系统改变了世界制造,特别是当中国于 1978 年改革开放以后成为新的“世界工厂”之后。这一系统似乎具有巨大的前进动力,很难想象它可能会逆转。本章要讨论的问题是这一全球制造、运输和消费的现行系统是否会闭锁并不可逆转,是否可能出现新的利基市场在未来的几十年里转变为制造业的社会物质新系统。

什么是3D打印?

我要特别探讨一下3D打印这一社会物质利基市场的未来。3D打印能够打印三维形状,而不只是过去25年里我们熟知的二维文本和图像。根据谷歌关于3D打印的记录,大约从2010年起,3D打印开始飞速发展。实际上3D打印的基本模式早在20世纪80年代和90年代就出现了,所以它2010年才开始发展起来还是很令人吃惊的(Birtchnell, Urry 2013a; Birtchnell, Viry, Urry 2013:64)。

3D打印将数字字节转化为物质原子,模糊了抽象思想和具体实物的界限。虚拟数据字节被转化(或者微观组装)成原子,理论上这随时随地都可以做到(Gershenfeld 2007)。《经济学人》(*The Economist*)上有评论认为3D打印可能是"第三次工业革命",它是智能材料、3D打印机和网络技术的集合(参见Anderson 2012)。数字文件可以在网上共享和出售,物体可以一键打印出来。

在这场潜在的革命中,制造变得更加本地化。重要的是在使用者附近或者身边用标准材料打印出物体,就像用复印机或者纸质打印机组合墨和纸打印出图像和文字。与由个人电脑、软件和互联网引发的第二次工业革命一样,3D打印的关键指标也与车库发明家、企业家、风险投资家、科学家以及政策制定者组成的社会网络有关(参见英国政府网站:https://www.gov.uk/government/publications/future-of-manufacturing)。

3D打印机各式各样,但无论哪一种都是把打印材料转化成三维物体。主要的不同在于每一层材料以微米的精度堆积。当它们堆砌好，3D物体也就打印或者制造完成，例如定制3D打印坚固的自行车赛车头盔。每一层实际上就是电脑辅助设计生成的数字切片。一片一片以微米为单位叠加起来，直到物体全部打印或者制造完成。低成本的打印机使用塑料打印材料，塑料先加热成液体状，然后被挤压出来。价格较贵的打印机使用黏合剂和粉末、激光和电子束以及更加多样化的材料，例如树脂、尼龙、塑料、玻璃、碳、钛以及不锈钢。最近开发的机器能够在一次打印中混合使用几种材料。

物体的3D打印最初是为了快速成形技术而开发的，即在工厂使用机器大量生产真正的产品之前先做出产品的原型。在该技术系统发明之后，人们发现它可以用来打印具有更多形状、使用多种材料的产品(Kross 2011)。现在可以“打印”出来的物体包括医用植入体、汽车零件、珠宝、巧克力、为特殊脚型定制的足球鞋、定做产品、玩具、复制品、模型、假肢、乐器、服装、自行车、家具、灯罩、一级方程式赛车零件、飞机零件、不锈钢手套、自行车头盔、牙冠以及定制手机套。研究人员预计未来打印机在升级后能够“打印出”整个飞机机翼、电动车甚至整座大楼。许多3D设计具有有机体的外表，在某些情形下甚至直接数码复制“自然”中的形体。

未来的发明也许包括混合几种材料同时打印的机器；自主控制系统如电池、电路、促动器以及组装机器的打印；基础设施如楼宇、大型建筑以及车辆的打印；物体内、空间里、深海中或者动态中的现场打印。3D打印能够打印器官模型和假肢，最后也许还能打印有机体，例如用干细胞和其他有机物质打印出牙齿和血管(Clarke 2011；Gore 2013：241—3；Moskvitch 2011)。因此，可以3D打印的材料在迅速增加(Silverman 2012)。此外，3D打印能制造出用其他方法无法制造的复杂几何设计产品。各种软件包使得复杂的定制设计可以用3D打印,有些软件包的源代码是公开的。

3D打印技术有时又被称作"增材制造"。它和之前的大多数"消减制造"不同,后者涉及对木材、金属或其他材料的裁切、钻割或者砍削。这样的"消减制造"有许多缺点,包括产生许多"废料"。增材制造则是通过一层一层地堆砌原料打印产品,将数字文件转变为三维立体物体,而不是用机器加工或切割消减材料,也不是通过模具模压或者冲压机压制来制造产品(Hopkinson, Hague, Dickens 2006)。

这场潜在的革命对于未来经济和社会意义非凡。3D打印机将会和现在的联网计算机一样无处不在。这将大大减少全世界产品的运输规模。这种"打印"或者"增材制造"将使在消费者附近或者在某些情况下就在消费者身边制作产品成为可能。本章将探讨在"后工厂"时代可能出现的新的生产系统的意义(Fox 2010)。

一个新系统?

下面我将阐述3D打印的一些新特征,其间将引用一些发明家和分析家的观点。尼尔·格申菲尔德(Neil Gershenfeld)在他的著作《个人制造》(*Fab*)中描述了利用无处不在的家庭电脑、源代码开放的软件、数字和物质世界的结合而实现的个人制造(2007;Day 2011)。个人制造是预测数字资源和技术如何进入物质环境的领先指数。不仅是大公司,还有基层社区企业都能通过"数字信息的物化"实现个人制造(Ratto, Ree 2010)。

在全球网络中,包含设计和蓝图的文件可以通过数码传输并下载,手提电脑能在任何地方用任何材料将该设计和蓝图制作或者打印出来,其中基于网络的数字技术发挥了重要作用。因此,产品不是大规模制造出来的，而是通过转化数字比特单独制造的，数字比特可以通过网络传输并由计算机和计算机控制界面转化成原子。这些制造系统的参与者包括 3D 打印机供应商，从像美克博这样小规模的新兴公司到 Z 公司这样的大型专业制造商。此外，现有的打印机公司，如惠普，也通过与较小规模的公司如 Stratasys 的合作，对一系列从小型到大型的家用和工业用 3D 打印机的研发和销售进行投资(Shankland 2010)。

我们也可以预见，比起购买产品本身，将来人们更愿意购买生产或者下载产品设计的授权。这将成为随着数字"物联网"发展而出现的"使用权"经济而非"所有权"经济的一部分(关于使用权，参见 Rifkin 2000)。在互联网上已经出现了大量可供下载的开源设计和蓝图。

开源社区的影响尤其重要。具有自我复制能力的 3D 打印机原型机 RepRap 的发明者艾德里安·鲍耶(Adrian Bowyer)明示了开源的重要性："它的设计目的就是自我复制，因为这是产生大量相同产品最有效的方式。"(引自 Stemp-Morlock 2010：1)通过自我复制，RepRap"越过"了技术本该经历的逐步开发和应用阶段，消除了现有的和利基市场的供应商，使学校、社团以及前卫的个人这样的小用户不必太费劲就能应用这一技术，他们需要另外做的只是组装打印机，购买打印材料以及其他构件即可。家用和办公室 3D 打印机得以发展的一个重要原因就是开源设计，它们是使用者可以自行组装的套件，并能为他人打印或自我复制该技术。自我复制意味着只要购买了一个设计，那么可能制造出的打印机数量是无限的。作为开源 3D 打印技术的先驱，鲍耶看到了它与早期计算机革命的相似性，当年的计算机爱好者用通用零件自己组装台式电脑。

基于消费者趋向网上浏览和购物，3D打印可能导致分散的在岸制造体系。在20年内，也许低成本的制造中心不再拥有相对的制造优势。3D数字制造将取代许多制造成品的运输，甚至消除“物流”业务，或者将其转化为基于打印原料标准供应链的“物质经济”。数字产品的传输几乎是免费的，尽管石油是3D制造使用的原料生产的基础。

现在的网上商店和供应商的主要缺点是购买者通常要依赖传统的邮寄系统，等待商品送到，不能事先试用或者接触产品。因此，个人制造能够替代或者增加许多消费品的生产，并且随着非常精细的打印层和提供混合原料的组件的创新，个人制造还会进一步增加。目前的高端组件可以打印钢和钛材料，为一级方程式汽车、摩托车和飞机生产零件。

产品不再受制于供应链上的各方：任何人的数字设计都是开放的，可能被热捧也可能被抛弃，取决于设计本身的好坏。行业主导者无法决定其发展范围，由于产品进入市场前不再被迫经过昂贵的供应链，所以不会产生浪费。消费者获得产品制造的控制权意味着他们能获得想要的东西，并且通过各方共同作用，设计也能迅速得到改善(Sells 2009:173)。

无论哪种3D技术占据主导地位，都存在打印机原材料和打印材料以及生产和运输的问题。目前，经过试用的材料包括尼龙、塑料、树脂、碳、玻璃、不锈钢、砂岩和钛。也许打印材料还需要许多资源，现有的机器可以为实现新材料打印而进行改造，尽管在许多情况下资源可以通过自身“提炼”获得改良。当零售供应链和市场从制造、存储和经销各种各样的产品转向打印材料，就出现了材料热，企业争相制造和销售打印材料。为了制造和控制树脂、塑料、金属、尼龙甚至食物等的供应链，各家公司采用了新的商业模式，这些材料将通过标准材料盒运输，也许与现在使用的喷墨打印机的墨盒相似，但可能尺寸要大得多。

未来发展的一个重要方向是闭路循环流程，多余的、破损的或者不需要的3D打印材料通过工业处理流程回收处理作为将来的打印材料。麦肯锡咨询公司和女航海家艾伦·麦克阿瑟(Ellen MacArthur)在2012达沃斯世界经济论坛上所做的关于循环经济潜力的报告中首推3D打印为最具潜力者(艾伦·麦克阿瑟基金会2012)。伦敦的一位技术爱好者、博主戴维·弗兰德斯(David Flanders)清楚表明了这一看法："假设我帮你打印了一双鞋。你的孩子自然是要长大的。你就把鞋子扔到粉碎机里，粉碎机会处理鞋子的塑料材料。"(引言出自BBC新闻2010；Ricca-Smith 2011)正如前文所述，家庭废物回收并随时按需打印大有潜力。目前，粉末材料和其他合成打印材料都来自回收玻璃粉末或者其他专利保护的树脂材料：像Z公司这类企业使用的是自己的"无害环保"粉末。提升循环经济发展动力的一个办法是使用回收机，包括旧的3D打印产品这类塑料废料在机器中生成更多打印家用新产品所需的打印材料，该机器是Makerbot 3D打印机伴生产品，或者是其自带部件(Peels 2011)。

人们已经注意到，个人制造及其技术将打破现行的消费、制造和运输系统，在世界供应链产生连锁反应。加利福尼亚州Bespoke公司，是一家设计并3D打印顾客定制产品的公司，其创始人之一斯科特·萨米特(Scott Summit)认为："海外制造不能带来收益，只可能产生高额的运输费用。"(引自Vance 2010：2)长期以来，企业关注的是运费成本以及通过减少材料使用而减少成本。这一变化被看作是开源性软件、家用宽带和互联网使用增加，普遍拥有打印机和网购普及等共同作用的结果。

在BBC的一个重要报道中，一位专家说："只大量生产同一个商品构件，再运送到世界各地组装完成，随后一并经销，这样的商业模式需要改变，因为其经济作用已不再那么重要。"(Sieberg 2010)当急需零件可以随时随地打印出来时，那么公司还有什么必要从国外空运呢？

重要的是消费者能就近，或者直接在身边用自己的打印机打印产品。此外，本地的打印店能开在商业街、仓库或者购物中心。更普遍的是，有些产品还可以通过扫描制造复制品，从而大大节省成本。欧特克公司的杰夫·科沃尔斯基(Jeff Kowalski)说："制造业将比以往更加本地化。我们不会再将如此多的原材料运到世界各地，在低劳动成本地区生产产品后再运回来。当产品的实际生产并不必要，更重要的是，当产品制造不再那么复杂时，制造就可以本地化。"(引自 Karlgaard 2011：1)

因此，按需打印成为可能，甚至可以随用随打印，而不需要经过订购、库存、供应和购买的传统制造流程。同样，目前流行的时尚、爱好和个性化、修复和定制技艺将继续发展，在零售和休闲领域成为主流。由于无线带宽和在线网络的零延迟，传统的贸易模式可能发生颠覆性的巨变，发展中国家的技工为发达国家"制造3D打印产品"，在此过程中重建了当前的技术价值链(Bell, Walker 2011：532)。

因此我们可以将3D打印看作宏观范围内技术进步的一个方面，其中数字信息被转化为实体，通过"未来技艺"赋予用户更多的能力。在此过程中，自我组合的模块化设计出现了，用户能够像组装宜家家具一样将其组合起来(www.itproportal.com/2011/7/25/object-demonstrates-ready-use-3d-printing)。

家庭或者本地的3D打印新举措也可以被看作自我维持能力

选择的一部分，实际上是一种转型。像英国托特尼斯这类“转型城镇”，构想的社区是由本地制造、维持生计的小规模生产，包括物物交换在内的交易形式支撑的（Hopkins 2011）。转型城镇摒弃了现行社会物质系统中的长线供应链，想采用面向本地的技术和产品。3D 打印能带来更多的本地制造、可持续性以及可再生能源。

然而，最后需要重视的是 3D 打印会产生许多有关产权和所有权的问题（参见 Weinberg 2013）。有些评论家认为 3D 打印与点对点文件共享服务网络纳帕斯特（Napster）类似，在该网站可以下载有版权的音乐文件，而通常这是非法的。建立在数字设计而非产品交易和销售基础上的信息经济确实面临许多挑战。同时，目前还不清楚当前应用于音乐文件的数字保护版权技术是否也适用于可随意简单重新组合的设计。

有些打印产品可以用于犯罪，这也会带来问题。根据照片就能打印出钥匙开锁进门（www.independent.co.uk/life-style/gadgets-and-tech/news/the-3dprinted-key-that-can-unlock-anything-9701203.html）。包括小孩子和青少年在内的任何人都可以使用 3D 打印机打印非法物品，例如武器和伪造品。

此外，通过 3D 扫描原件或者设计蓝图原稿进行完美复制，3D 打印可能会影响文物的真实性。伊斯顿（Easton）论述了信任经济的重要性，如果高价值产品生产机构和投资者无限复制产品，他们将失去消费者的信任（2011）。

在下一节，我将着重阐述 3D 打印的发展模式。尽管 3D 打印对于社会未来意义非凡，但却很少见到关于 3D 打印意义的社会学分析（Gore 2013）。

四种可能的未来

英特尔公司的未来学家布莱恩·约翰逊(Brian Johnson)指出科幻小说应该被当作一种预测未来的方法。他认为思考当前创新产品的未来对有些公司至关重要,这些公司的最终产品在经过专利提交、耗时耗力的测试和样品试制多年后才能生产出来(Johnson 2011:31)。他指出科幻小说中的"原型描述"是预测未来的新方法——此处所说的"原型描述"指的是"产品的虚构故事或描述"(Johnson 2011:12)。科幻小说不仅提供想象未来世界的素材,还展示了一种通过创造人物、情节和故事来构建情景的技巧,"故事讲述的不是技术、大趋势或者预测",而是"人类的未来"(Johnson 2011:5)。

科幻小说在未来预测领域的应用随处可见(参见 Birtchnell, Urry 2013b;Collie 2011)。许多重要事例表明科学家受到了科幻小说的影响。在很多情况下,作家将科学研究融入写作,到达科学家无法触及的深度,同时思考科学创新的社会影响(McCurdy 2011:15;Verne 2005)。

通过借鉴媒体评论、推特信息、科幻小说、会议专家发言、报告、访谈以及部分观点,人们提出了四个详尽的未来场景(引自 Birtchnell,Urry 2013b)。其中有两条轴线:第一条衡量 3D 打印的经济可承受力,用户学习和掌握其日常功能并围绕其展开社会活动的能力。第二条轴线关注大公司主导 3D 打印发展的程度或者是否有许多社会群体使用 3D 打印。在构建这四个不同未来世界的过程中,关注点是 2030 年的未来社会内部出现的系统和挑战,包括气候变化和能源匮乏带来的冲击。通过提供示意图,利用各种实验结果，现在四个场景已经构建完成。2013 年在伦敦举行的未来场景工作坊的基本主题就是这四个场景。

第一个场景是“家庭桌面工厂”。在此场景中，人们每天与 3D 打印为伴。设计和技术的开放源共享以及盗版削弱了公司层面对创新发明的控制。3D 扫描仪和/或打印机成为家庭的常见物。场景中的人物 Ben 突出体现了教育、孩子和家庭的作用(Barlex，Stevens 2012)，孩子可能因为需要完成学校的学习项目或上科技课而成为 3D 打印的主要使用者。

> 我叫 Ben，出生于 2020 年。我正在做作业，我妹妹 Lucy 又在用打印机打印她周末设计的新手镯。学校的每个学生在家里都有一台 3D 打印机(我们去年终于也有了一台)，老师定期布置作业，设计和打印各种东西，并让我们把它们带到课堂上。

3D 打印在不受规范约束的环境(例如在家里)中普遍存在，这可能影响到知识产权。实际上，在点对点技术(P2P)网站里，这是一场类似的本土革命，可下载数字音乐文件对全球音乐产业产生了巨大冲击。这些挑战不是来自大公司，而是来自年轻用户创立的刚起步的小公司，有时来自校园。对于 3D 打印来说，很可能出现的情况是可打印的数字文件共享不受限制：

> 今天我们的历史作业是想象中世纪村民如何修建他们的城镇。我的小组任务是按照我认为的样子打印出村里的铁匠铺。我参照了别人的成果，和我爸爸一起上 P2P 网站下载了一份考古报告的复印件，做了些改动混合的工作就变成了我

自己的。我希望老师不要看出来！

根据现有创新的发展轨迹，人们展示了范围更加宽广的未来场景，并指出了技术的局限性。例如激光烧结或者电子束熔化成型打印机不可能很快在家庭普及，用户也就无法打印金属产品。因此，需要强调家庭桌面打印机使用的其他 3D 打印形式：

我爸爸是一个真正的专家：他在本地一家有电子束熔化成型打印机的工厂工作。他负责设计和打印摩托车的钢铁零件。我很想去他的工厂用用这种打印机，可是他说太危险了，而且需要必要的训练。

在该场景中，产品试制在引入有关行业发展新方向的理念方面发挥了作用。在伦敦年会前专家的访谈中，有一个理念被提出来，即像白色家电这类复杂产品的生产商可以建立一个网上零部件数据库。该数据库里存有可下载的设计文件，产品用户可以使用产品识别号浏览，能在家打印出组合式的非关键部件从而能够自己更换(参见 Dean 2012，对这一发展趋势的怀疑)。这一前景涉及许多问题，例如 3D 打印产品的相对牢度，分层工艺相对薄弱而产生的分层，以及 3D 打印与注压成型相比具有的局限性。数据库将有助于针对保修期内的产品诊断并处理这些问题，但是更复杂的材料和电子问题需要专家来修理：

打印机我只能使用一小时，因为我妈妈也要用它来打印一个坏了的洗碗机的零件。她要进入生产商的网站，输入零件识别号，然后打印出新零件。希望零件能安插到位，虽然实

> 际上很难做到，有时妈妈会跟爸爸抱怨说我们应该买个新洗碗机。

通过人物和情节展示，这些图景创建了一个包含更广泛的社会活动的空间。这个场景涉及循环经济的理念，与打印机一起使用的3D粉碎机可以循环利用打印材料。Ben还谈到了现有经济模式以及它们的未来发展对于类似技术的影响，例如有些公司出售只适用于单一型号机器的昂贵的打印原料盒：

> 我觉得她可能会喜欢新的粉碎机，你只需要把旧的刀叉扔进去就行了，而不需要将它们洗干净。妈妈说这样更干净、更方便。她责备爸爸说他让我们活在了落后的黑暗时代！上星期我惹了麻烦，我的那个小铁匠铺打印了20次，我每确定一个样子就打印出来看看。我爸爸说打印原料盒很贵，我这样用很多原料打印并不必要的东西很浪费，对环境也不好。现在原料盒到处可以买到，附近的街边小店都有。生产打印机的公司也生产原料盒。

该场景还运用了回溯预测法，先规划未来再回顾思考如何实现规划的未来。下面的内容预测的是未来材料运输服务的物流：

> 两年前，他们改变了一个最流行的产品的尺寸，这样大家只能出去买一台新的。我们在网上购买原料盒，然后邮寄到家。我爸爸说我们现在能自己打印的东西在从前都是这样邮寄的，这种投递方式很麻烦，因为它们送到的时候我们一般都不在家，我们就只好去附近的邮局自取。原料盒设计师很聪

明，他们设计的产品尺寸刚好跟我们门上的投递孔一样大，这样就能塞进去了。

最后，这个场景还突出显示了一些出人意料的情况，例如3D打印某些显而易见的特性，以及产品复制会导致废弃材料越来越多：

明年我们当地会有一个废品回收站，把不要的东西带去粉碎，然后做成打印原料。我们的小屋里到处都是我们打印好又弄坏的东西。我不能想象家里没有打印机的日子。不然我们到哪儿去弄玩具、工具、衣服以及家里和学校用的各种东西？我无法想象以前他们没有家用3D打印机是怎么生活的。

第二个场景展示的是“本地化制造”，未来高端打印机的使用将本地化。这发生在企业市场，因而部门间的竞争激烈。零售商和客户都会受到影响，更重要的是会影响全球制造系统。场景中的人物Amran这样描述这一变化：

我叫Amran，生于2007年。转变在无人察觉时就发生了。买东西貌似还是以前的样子，但其背后所有的都改变了。在购物中心后面，存货清单、拖货托盘车、货架一夜之间都消失了。取而代之的是一排排有小显示屏的外表复杂内在更复杂的盒子。习惯了打印纸的职员现在也习惯了这个新技术。现在这些打印机能打印我们想买的大部分东西，另外还能提供定制设计。

Amran 还讲述了买鞋的体验。3D 可以实现顾客定制，但是制作并没有我们期待的那么快：

> 今天我要为求职面试买双新鞋。你可以在网上定制想要的鞋，然后在最近的商店拿到。我已经在网上用信用卡付好款，但是我没有选择送货到家，而是选择了到店试鞋。他们有一条规定是：如果鞋子与我传给他们的脚的扫描尺寸不完全吻合，他们就会重新打印一双。如果你没有扫描尺寸，他们也会在店里帮你扫描，但鞋子不能立刻打印出来（很酷吧），你得第二天再来。

扩大的系统把零售店集中成为一个单体的系列产品打印供应商。未来行业不仅是生产定制产品，还有大规模定制，而不是普通的大规模生产：

> 许多打印店打印各种各样的产品，你可以在同一家店买到孩子的玩具和你自己的鞋子。我要参加一个重要的会议，所以想买一些好看点的鞋子，但是鞋子也要舒服。我还带了一条我曾祖母 20 世纪 20 年代的裙子。裙子的颜色和设计棒极了。我希望店员能帮我扫描一下裙子，打印出一双与之相配的鞋子。

在产品设计过程中，每个人都是平等的制造者，设计过程成为行业未来的一部分而不是独立进行的。此时，灵感涉及的方面包括舒适度、便利性和美感。这样的制作将带有“怀旧”色彩，取代大规模生产：

当然，舒适度也很重要。两个月前我买了一双打印的鞋，非常合脚，内底的弧度和尺寸跟我的脚完全吻合，太棒了。我爷爷以前总是说过去他们就是这么做的，每个人都要做一个跟自己的脚尺寸吻合的木鞋楦。他说人们对不合脚的鞋子竟然忍受了那么多年，太令人吃惊了！

这里展示的行业图景把普通生活场景（例如试鞋）和激光扫描与烧结成型这样的未来行为结合起来：

我朋友 Ruth 买了一副个性化眼镜。她先订购镜片，然后根据镜片尺寸打印出与众不同的镜框。她每周都换一副不同颜色和设计的眼镜，这都成了她的个人特色了，镜片只需要轻轻一扣就能插进去或者取下来。有时候商店经理会邀请顾客到店面后的房间观看打印鞋子。小孩子们就是喜欢看激光打印机一层一层地打印出他们的鞋子。

此外，其他相关行业也对可能出现创新的领域表现出兴趣，未来不同的行业间会出现交叉。医疗 3D 打印的情况就是如此：

我在一家生物技术公司工作，我们用生物 3D 打印机打印器官和其他人体移植组织。我常常感到很吃惊，因为打印流程是如此相似。我真希望他们能立刻打印出我的鞋子而不要让我等！

第三个场景是“社区工坊”，源于现在已经出现在图书馆、政府大楼、集体企业、共有/私有合伙人公司、博物馆、书画廊、艺术中心等地方的合作制造。3D打印早就在非盈利社区环境中使用(参见http://theurbantechnologist.com/2013/11/12/the-sharing-economy-and-the-future-of-movement-in-smart-human-scale-cities/)。理查德·桑内特(Richard Sennett)在他的著作《匠人》(*The Craftsman*)中推崇的精心制作也适用于以技艺为本的3D打印。桑内特认为只有通过匠人般的工作——保持好奇心、勇于尝试、锲而不舍——人们才能真正了解世界。他将这种宝贵的体验称为“手艺”(Sennett 2009:288)。在这个图景中,Jill去当地的图书馆参加使用3D打印机的手工艺制作:

> 我叫Jill,生于1997年。今晚下班后我要去本地图书馆参加每周一次的手工艺小组活动。两年前,市委会拨给图书馆一大笔资金购买各种新型的使用多种材料的3D打印机,放在一个专为社区设计的中心里。

这个图景的意义在于选取当前社会中的技术问题并将其移位到未来。在不兼容的共享社区空间里,新技术的使用者在与技术的互动中出现了问题:

> 虽然一开始这些大块头机器看起来跟我们办公室门厅里那些似乎总是出故障和卡住纸的中央打印机很像,我还是被吓住了(贴墙放着,跟我差不多高)。这些打印机都运行良好,除了有一次一个年轻人想在其中混进自己的原料去打印,我们发现他试图用面粉打印东西!从现在起,技术员对年轻人使用打印机看管很严。我觉得他们也怕有人打印非法和盗版

的东西。现在有一台打印机闻起来还是有烤糊的面包味道。

在这个场景里，表现设计背后的不确定性显得很重要。Jill说自己不太熟悉技术，她这样描述自己和图书馆的职员与打印设备的互动情况：

> 大多数时候都会有一个数字信息员负责帮助转换我们从家里带来的文件，或者帮初次使用者使用图书馆的电脑，为那些家里没有相关打印软件的社区居民提供服务。图书馆的软件结合了各种模板展示在简单易用的界面上。你只需要从清单中选择想要的东西，通过触摸控制器随意修改。图书馆电脑上的软件比家里的简单得多，但是我更喜欢自己定时间自己设计，那样更方便，所以我在图书馆学习了一门每个月开一次的特别课程。我学到了新技能之后非常激动，立刻出门买来了一台小型手提式3D扫描仪。我第一个扫描的是我的狗，我用粉末打印出跟我的狗一样大小的狗复制品，看着它脸上茫然的表情，图书管理员们全都哈哈大笑。

和其他场景一样，其中未来世界更广泛的系统属性是本场景向研讨会成员展示的重要特征，包括打印材料和材料的运输。创造性试制产品有助于探究它们对自然环境的影响：

> 图书馆每周一次运来一大批新的打印机原料盒，一个专门的技术员会来更换原料盒，空的原料盒被带走。第二天，我们小组才来图书馆，所以我们从来没有碰到过原料用完的情况。显然，打印原料来自一个特殊的海边炼油厂，它面向本地

市场，既生产汽油又生产打印原料。看到运货卡车上石油公司的标记，想到我们所作所为对环境的影响，人们自然会皱起眉头。

最后，Jill 注意到这种手工艺制作活动的社交功能：

手工艺制作小组也是一种社交活动。我们都带来家里自制的蛋糕，打印机工作的时候，我们有好几次茶歇。这一定属于共享经济。我们互相帮助，交流各种兴趣爱好。我的手工艺制作朋友 Michael 经营一个小型的家族企业，出售火车模型附件。我们对他制作的房子和火车站的精美细节赞叹不已。他向客户保证他卖的附件都是独一无二的。每个月我们都有一个匠人集市，我们摆摊售卖自己的作品和家庭自制的物品。

最后一个场景是“只在试制阶段”。这个场景中的人物解释了为什么 3D 打印的未来没有像技术乐观主义者预想的那样发展。3D 打印从来没有超出试制阶段（参见 Tita 2014，关于 3D 打印公司要“认清现实”）。《可持续发展的材料》（*Sustainable Materials*）一文对 3D 打印兴趣有限，而且提出了有关 3D 打印的许多问题，例如通过 3D 打印制造钢铁的问题（Allwood，Cullen 2012）。另一个类似的技术发展停滞的事例出现在通信领域，即视频会议发展受限，由于标准化、设备维护以及一致性问题，关于它的大肆宣传并没有变成现实。Juliet 展示的图景以 3D 打印的泡沫破碎为结局，类似于 2000 年互联网泡沫（dot.com bubble）的破碎：

我叫 Juliet，生于 2004 年。读到关于 3D 打印的新闻，我就召集了一帮朋友和一个天使投资人建起了一个工业用打印机工作室。我们曾经有一段时间对 Makerbots 公司和 Footprint 公司的开放源小型桌面打印机修修改改，之后决定利用自己的 IT 和工程学经验建立一个抢占商机的公司。我们受到 3D 系统公司的启发，这家公司几乎在一夜之间从一个建在车库的公司发展为一个跨国公司。我们希望成为下一个计算机革命的参与者，而且那时候我们已经忘记了曾经的互联网泡沫。

这个图景显示 3D 打印没有带来全球制造的结构性改变，还探讨了没有发生这一改变的原因。

我们的想法貌似没有风险。不会有存货单，没有运输和进口成本，也不会有跟中国工厂的转包合同。我们以为我们的想法很稳妥。创建公司总是需要复杂的架构，必须大量购买小钢件，要不单件价格很昂贵。我们承诺打印小批量的特别钢件，产品转换很快，而且都在本地生产。不会有任何产品需要从中国运来。但是等我们真买了打印机，事情开始不妙了。第一，公司在材料成本方面一团糟。我们本来确信打印原料的价格是可承受的，却搞不清要用多少粉末。然后我们购进原料的另一个公司改变了订货的尺寸，我们不得不从别处购进原料，从那以后就总是不如意。3D 打印在我们这儿是不成功的。

和其他场景一样，本场景也通过与纸质打印机对比做出推论。如今，3D 技术使用范围较少，其可靠性和创意非常重要，这在 Juliet 的评论中可见一斑：

接下来打印机完全坏了。质保合同有些问题，我们不能获得连续的维修。它总是出问题，使得我们的订单更加拖延。之后，3D打印机供应商培训的技术员离开公司去了另一家竞争公司工作。我们已经开不了机，更别提改良或改造客户提供的定制产品了。有些情况下，我们不得不取消打印，因为我们无法修改文件格式使之适应我们的机器。

在对行业未来的规划中，应该重视宣传行业的周期、趋势、风尚以及技术陷阱，并且会有出乎意料的对社会产生重大影响的黑天鹅事件出现：

不单单是我们对3D打印的成果失望。市场上的桌面打印试制、中等规模的机器和其他刚起步企业已经饱和。由于缺乏客户光顾，机器方面的困难以及没有统一规范，一些小企业已经倒闭。但有消息说一架在美国上空断裂的飞机的部分零件是3D打印产品，一切都完了。消费者的情怀和投资者的支持全部化为乌有。没人知道将来在我们不知道的需求驱动下它会不会重新崛起。但在目前看来，泡沫已经破碎，传统制造以及运送大型工厂生产的产品到世界各地的巨型集装箱轮船依然风头正劲。

结论

本章详细介绍了新兴的社会物质系统的四种未来，展示了新产品和实验模式（参见 https://twitter.com/3DPrintGirl 网页上的最新例子)。这四个场景由简单的图景表现,分别是“家庭桌面工厂”“本地化制造”“社区工坊”和“只在试制阶段”。

我们无法预测前三种未来中的一种是否会和其他因素组合成为一个新系统,并逐渐取代最近几十年存在的大规模生产/大规模消费(沃尔玛)系统。如实描述现状要避免许多陷阱,尤其是要避免夸大那些创造新系统的技术。

3D打印的一个关键问题是缺乏针对不同打印机的统一标准。这些标准应该就像微软和苹果公司为个人计算机开发的标准一样得到快速开发和应用。如果开发成功,可能产生包含重大规模经济的重要新系统。目前,将货物运送到世界各地的集装箱轮船使用的石油成本较低并且容易获得,因此,另外一个可能动摇现有全球系统的“事件”就是改变这一现状。如果石油真的不再容易获得,价格更加昂贵,那么现在生产、运输、消费的沃尔玛模式的基础将被颠覆。我在下一章将探讨石油主导世界所涉及的各种复杂因素(Urry 2013b)。

到目前为止,3D打印的发展速度并没有多快;到2018年3D打印的规模大约是每年30亿美元(www.slashgear.com/3d-printing-market-to-hit-3-billion-by-2018-23239870)。由此看来,3D制造主导的世界还不可能在不远的将来替代离岸制造、长供应链以及集装箱运输。但是,3D打印将改变机器和技术的整个系统,最有可能出现的是本地化制造和社区手工艺3D打印的结合。3D打印将成为一个重要的利基市场,那么接下来的问题就是这个利基市场将在何种程度上改变整个系统。

8 移动中的城市

车托邦？

到 2007 年，人类历史上第一次有一半以上的世界人口生活在城市。据预测，到 2050 年城市人口将增长到世界人口的 2/3，世界城市人口将超过 60 亿（www.un.org/en/development/desa/news/population/world-urbanization-prospects-2014.html）。虽然这一推断忽略了全球瘟疫、气候变化灾难、水和食物大量短缺以及全球大衰退等灾难性事件的影响，但看起来还是挺有说服力的。

这些城市的特征是超大范围的联结、网络以及流动性（UN-Habitat 2013）。这里的人员、信息和物品密集，交叉流动，而且这种流动是资源依赖型。能量是流动的基础："城市的存在主要在于不同层面能量的流动：从水、污水的流动到电力、信息的输送，从人员流动到动物迁移，从机器运输到植物迁移。"（Amin，Thrift 2002：82）能量在城市里高度聚集。

当代几乎所有城市内部移动的核心力量是汽车。正如 J. G. 巴拉德(Ballard)所述:“如果要在脑海里把本世纪(20 世纪)浓缩成一幅图景,我觉得应该是一个我们熟悉的日常景象:一个人驾驶着汽车沿着高速公路开往某个未知的目的地。”(引自 Platt 2000:194)汽车的社会物质系统构建了城市的空间,钢铁汽车和卡车主宰着空间,并在此基础上生成了“机器空间”(Horvath 1974:174—5)。

弗吉尼亚·伍尔芙在 1927 年购买了她的第一辆车,她这样描述汽车新系统的变革力量:“是的,汽车给我们的生活带来快乐,这是另一种生活,自由自在,便捷轻盈……很快,当我们回头看没有汽车的时代,那感觉就会像看到人类居住在洞穴时代一样。”(引用 Morrison 2008)对于伍尔芙及其他人来说,汽车系统是一个乌托邦,沃伦(Wollen)和克尔(Kerr)称之为“车托邦”(autopia),在过去的一个世纪这个词传遍了全世界(2002)。

有许多关于汽车系统的不同解读。科幻小说家亚瑟·C.克拉克(Arthur C. Clarke)认为如果没有汽车,当代文明持续不到十分钟,但即使汽车再怎么神奇,也不该见容于一个健全的社会(2000:33)。克拉克描述了一个周一的早晨,一位普通观察者发现这些开动的汽车将我们的生活弄得一团糟。英国诗人希思科特·威廉姆斯(Heathcote Williams)在他的诗作《汽车之战》(*Autogeddon*)里也表达了类似的观点,诗中写到在地球生活的外星人认为地球上的主要生命形式不是人类,而是汽车,汽车里面生活着可怜的高碳消费的人类(1991;Schneider 2005[1971])。

汽车象征着人类文明的许多方面。汽车系统成熟于 20 世纪,尤其是 1901 年发现得克萨斯州纺锤顶油田之后。地下喷射出的免费能源使很多人以为梦想中的(黑)金真的存在。仿佛只要找对地方钻下去，就会有巨量的免费能源喷涌而出。厄普顿·辛克莱(Upton Sinclair)在他的小说《石油！》(*Oil*！)中写道："仿佛地核就从那个洞里喷涌而出，呼啸着，奔流着，好像尼亚加拉瀑布，一个黑柱矗立在空中，高达200英尺或者250英尺，没有人说得清到底有多高，它发出雷鸣般的响声，落到地面成为巨大的浓稠而黏滑的黑色河流。"(2008[1926]：25；Urry 2013b)

汽油驱动的钢铁汽车占领地球绝不是自然而然的事情。19世纪末，实际上主要有三种驱动这一新型的"不用马拉的车辆"的方式：蒸汽、电池和汽油。最后一种占据了主导地位，但这是由历史上发生的一些偶然的"小"事件导致的(Dennis，Urry 2009；Urry 2013b)。欧洲和美国都出现了生产新的"高速机器"的公开竞争，几种汽车的出现终结了这些竞争。它们使用的是汽油，而这个时期最引人注目的不用马拉的车辆是电池汽车。1899年一辆电动跑车在巴黎附近创造了陆上交通工具速度最快的新纪录。当时1/4以上的美国制造的汽车都使用电池，包括出自亨利·福特新工厂的许多汽车(Miller 2000：7)。

然而，在纺锤顶油田和其他油田被发现之后，廉价的美国石油极大地推动了汽油驱动而不用马拉的车辆的使用。甚至连它们的支持者都宣称"这些又脏又吵、喷着烟雾的机器只不过是科技进步可恶一面的最新展示……一系列的现代机器侵入我们的生活，令人厌恶，散发着腐朽而污秽的气息"(Black 2006：64—5)。早在1908年第一辆福特T型汽车就问世了，差不多同时，未来主义思想家菲利波·马利内提(Filippo Marinetti)宣称这是新的"速度之美"，此时汽油系统已经确立并被"锁定"。总之，重要技术的发展历史表明最佳新系统通常并不恰好是最终胜出的那个。

我们在本书第3章中看到：一旦新的路径确立，社会机构对这个系统长期发展的方式就起着至关重要的作用(Franz 2005;North 1990)。以钢铁和汽油为基础的汽车系统确立了一个路径依赖模式,这一模式意味着石油成为"西方文明"的中心。石油能量密集,具有可存储、可运输、多用途而且很方便的特性,在20世纪的大多数时候价格都极其便宜(参见 Owen 2011:95)。石油提供了现代世界几乎所有运输都需要的能源(至少95%),给汽车、卡车、飞机、轮船和一些火车提供动力(世界自然基金会 2008:2)。几乎所有涉及运输的活动都依赖石油;而在现代城市里也差不多没有什么重要的活动不涉及运输(Owen 2011;Urry 2013b)。

总之,钢铁制造、燃烧汽油的汽车是20世纪资本主义经济领先行业和标志性企业制造的产品典范。除了住房,汽车成为个人消费的重要商品,并且越来越受新一代年轻人的欢迎,直到最近才有所改变。谢勒(Sheller)认为汽车通过速度、安全感、性吸引力、事业成功、自由、家庭以及男性魅力等象征意义来提升个人地位,并产生情感效应(Sheller 2004:221—42)。电影和广告中大量出现的强壮性感的人物形象确立并加强了汽车的象征意义(Wollen,Kerr 2002)。拥有汽车,人们就能够带上并锁好行李去旅行,从一个地方到另一个地方,完成一个又一个任务。

汽车飞驶的现代马路仿佛是一个"屠宰场",拥有汽车就是获得一个庇护所,为汽车拥有者提供保护,把外面的危险世界隔开。为了躲避危险,驾驶者躲在汽车的钢铁壳子里,绑在舒适而又拘束的靠椅上,周围都是微电子信息设备、控制键等装备(参见 Bijsterveld,Cleophas,Krebs,Mom 2014,关于汽车的声音)。汽车的危险已经外化转移到不驾驶汽车的人身上:骑自行车的人、行人,尤其是孩子。

早期的郊区出行主要靠公共交通方式,在北美,这样的郊区被称为有轨电车郊区(Glaeser 2011:ch. 7;Ross 2014;有轨电车streetcar在欧洲叫作trams)。此后,汽车在本不是汽车专用的道路上往来,使郊区得以在全世界蓬勃发展(Reid 2015)。建筑师理查德·罗杰斯(Richard Rogers)总结了为什么"是汽车在推翻紧密结合的城市社会结构的过程中起了关键性作用……汽车改变了公共空间的性质,推动了郊区的扩张……汽车使得日常活动空间的分割成为可能,办公室、商店和家成为隔离的空间"(1997:35)。造成这种区域化的部分原因是居民期望获得低密度的居住环境和大面积的郊区(参见Ross 2014:ch. 7)。

建立在汽车基础上的郊区化既非自然发展的结果,亦非必然结果,美国的郊区则源于一个"阴谋"。从1927年到1955年,通用汽车公司、麦克制造(卡车)、标准石油公司(现为埃克森)、菲利普石油公司、火石轮胎与橡胶公司与灰狗巴士公司一起密谋共享信息,共同投资,统一行动,目的在于赶走美国城市里的有轨电车。它们建立了各种前台公司,特别是全国城市干线运输公司,在20世纪30年代,这家公司买下又立即关闭了至少45条有轨电车线路(Urry 2013b:ch. 5)。这些城市没有了有轨电车,开始依赖使用汽油的汽车、卡车和巴士出行。

汽车制造商斯蒂庞克公司的总裁确实曾经愤怒地说过有些人本可以拥有汽车实际却没有。他在1939年就声称"要重新建设城市。今天最大的汽车市场,尚未开发的最多的潜在顾客群,就是那些拒绝买车的大量城市居民"(引自Rutledge 2005:13)。当然,二战之后北美地区拒绝买车的人数确实是急剧减少了——我们可以说这已是众所周知的事情了。

汽车无情的扩张以及对其他交通方式的横扫渐渐被看作是自然的和必然的结果,汽车主导的车托邦不断蔓延,罗斯福新政中的道路建设项目起了推波助澜的作用。汽车占据主导地位被看作是美国现代性的核心，没有什么可以阻挡这一进程。桑内特这样描述："今天……我们将个人自由旅行看作人的绝对权利。私人汽车是行使这一权利的合理工具，最终的空间应该是可以自由穿越的，否则就是没有意义甚而令人烦恼的。"(1977：14)

因此，"碳资本"成功地让这一理念获得广泛认同，即道路建设有益于商业，对于现代经济和社会来说是自然而且必要的，尽管最初汽车曾被看作是入侵者。自行车骑行者组织推动了早期道路的改进(Reid 2015)。但是汽车和石油的游说团体炮制出了一种说法，认为汽车需要这样的道路，应该用税收而不是汽车制造商的钱来支付道路修建费用。因此，在20世纪的城市和郊区，汽车占据了主导地位，控制了大部分的道路空间和城市环境。车托邦最早在美国实现，特别是罗伯特·摩西(Robert Moses)的道路建设计划与此密不可分。随后车托邦就蔓延到全世界。奈这样描述这个由一系列发展进程推动而产生的高能乌托邦：一个"拥有神奇织物、便宜食物、宽敞的郊区住房、高速旅行、更廉价的燃料、能够控制气候以及无限发展的未来"(Nye 1998：215；Ross 2014：ch. 3)。城市内部的交通系统大都建立在汽车-石油-郊区组合的基础上。

当汽车和卡车占据了主导地位，城市会面临哪些问题？首先，大量依赖汽车的出行，尤其是依赖汽车通勤，减少了面对面的交流、志愿者工作和慈善活动。帕特南(Putnam)在《独自打保龄》(*Bowling Alone*)一书中指出："汽车出行减少了人们的社会参与度以及基于社区的社会资本。"(2000：205)2/3的汽车出行都是由出行人独自驾驶汽车完成的，无论是通勤者还是非通勤者，他们在每日通勤上多花的每一分钟都意味着社区事务参与度的减少，而道路通常都是拥堵不堪的。我们拥有的交通设施越来越多，城市服务效率越来越低，污染增加，车辆费用上涨，碰撞事故增多，疾病率上升（http://usa.streetsblog.org/2015/03/24/study-sprawl-costs-every-american-4500-a-year/；Owen 2011：25）。许多评论家呼吁应该少花些时间在旅行上，而应该与邻居多联络，共建“幸福城市”（Montgomery 2013；参见 Jacobs 1992[1961]）。

第二，频繁出行和对汽车高度依赖还会造成大量城市空间被汽车挤占。就像琼尼·米歇尔（Joni Mitchell）在她 1970 年那首著名的歌曲里所唱：“他们推倒天堂建了一个停车场。”众多的汽车停车场和道路能侵占 1/3 的城市土地面积（参见 Ben-Joseph 2012）。结果，每一辆车拥有许多停车空间，据说在休斯敦每辆车的停车位达到了惊人的 30 个。拥有汽车有点类似于农业的单一作物种植，造成了空间的大量浪费。半个世纪前，刘易斯·芒福德（Lewis Mumford）就指出：“在每个人都拥有私人汽车的时代，汽车拥有进入城市每栋大楼的权利，也就拥有了毁灭城市的权利。”（www.nytimes.com/2012/01/08/arts/design/taking-parking-lots-seriously-as-public-spaces.html）重要的是，有些大城市的汽车不是每栋大楼都能开进去的，包括一些世界性大都市，例如香港、伦敦、巴黎、纽约和新加坡（Owen 2011：205—7）。

第三，汽车改变了每个人在城市里的出行方式和景观感知（参见 www.streetsblog.org/2011/06/15/the-art-and-science-of-designing-good-cities-for-walking）。行人没有优先权，红灯等候时间很长，绿灯时间很短。行人过马路不再被看作基本权利，而是需要在路口按下按钮申请通过。此外，在有交通信号灯的地方，行人必须成群地从指定区域过马路，而且必须用健全人的走路速度通过。在有些地方，还有针对所谓“行人乱穿马路”的罚款，我们也可以说如果有“行人乱穿马路”的行为认定，那么“开车人乱穿马路”也应该被认定为非法。

第四，每年约有125万人死于道路交通事故，交通事故是全世界导致青年人死亡最主要的原因（参见 http://en.wikipedia.org/wiki/List_of_countries_by_traffic-related_death_rate）。各国每10万人的交通事故死亡率有很大差别。最低的是3（挪威和瑞典），美国是12左右，最高的是利比亚，达到40。全世界道路交通事故死亡者中的一半是“弱势的道路使用者”：行人、骑自行车的人和骑摩托车的人。还有统计表明每年2 000万—5 000万人遭受非致命伤。目前没有任何一场战争或者恐怖袭击能造成这样的伤亡和痛苦。

第五，过高含量的二氧化氮造成了严重的空气污染。这会引起呼吸系统问题，导致过早死亡。居住在拥堵道路旁边的城市居民更是暴露在这样的空气污染中。空气质量差还会引起心脏病发作，居住在交通繁忙的道路旁住宅里的孩子长大后会出现肺发育不良，哮喘患病率很高。污染是引起过早死亡最多的一个环境因素，并且导致几十亿的额外医疗支出。空气污染，尤其是柴油车辆导致的空气污染，每年在英国夺去超过29 000人的生命，全世界则以百万计（www.airqualitynews.com/2014/12/05/uk-nitrogen-dioxide-mortality-figures-due-next-year）。

第六，城市的生存依赖石油的价格和流通；在某些时期石油价格出现了极大的上涨，每当这种上涨出现，全球经济就出现衰退（最近一次发生在21世纪头十年中期：Murray，King 2012）。根据国际能源机构的报告，石油供应已经达到峰值，大多数“易得石油”已被耗尽（参见 Mitchell 2011；Urry 2013b）。另外石油的高度金融化使得石油的价格和购买更不确定（Labban 2010）。最近，更加清楚的现实是大量化石燃料应该保存在地下不被开发，以确保未来全球气温上升控制在2℃内(Berners-Lee,Clark 2013;Carbon Tracker 2013)。超过1/4的“全球变暖”被认为是用石油来运输人、食物和货物造成的(Banister,Schwanen,Anable 2012)。

因此,随着汽车系统发展并深入到几乎每一个社会,它也产生了各种棘手的问题(Ross 2014:69)。但是到处都可以听到关于城市和流动的各种乌托邦式设想。在瑞典有道路零死亡的设想(参见www.visionzeroinitiative.se/en/Concept/Does-the-vision-zero-work)。其他国家和组织也提出过零碳排放的乌托邦式未来设想。另外,最近出现的“无车城市”理念是全球一个重要的城市乌托邦设想。这一理念是在2014年达沃斯高峰论坛上提出的,它指出重新设计和建造城市以实现无车化需要花费90万亿美元,这对于应对气候变化问题至关重要(http://uk.businessinsider.com/plan-to-spend-90-trillion-redesigning-cities-without-cars-2015-1?r=US)。一个世界性的无车化网络/机构已经出现,许多城市开始规划无车化未来(参见http://carfreechicago.com)。一本很有影响的《设计手册》(*Design Manual*)为发展中的无车化城市确立设计目标,并提供相关规划研究(Crawford 2009)。

最后,传统观点认为旅行是一种“派生需求”,受到许多外部因素的影响,这些外部因素可以被精确建模。但是“新移动模式”关注的是构成人们生活的一系列社会结构和行为(Sheller,Urry 2006)。人们可能在“移动中”,但这取决于社会结构和行为内部的移动和聚集的重要性。各种移动构成复杂的结构,共同实现不同的社会实践模式。这些不同的互相依赖的移动在社会物质系统内部和系统之间进行。此外,人们通过利用、创新和结合各种不同的技术产生“出乎意料的结果”,它们也会导致不同的社会实践模式。因此,不应该将现有的或者新出现的技术看作专属于某一个部门或领域。虽然我们会说“交通技术”，但它们并不是自我发展的；它们在一定的环境中发挥作用，是这个环境的构成要素，可以加入并成为新系统的一部分，例如GPS、冰柜、锂离子电池、高速公路传感器以及外带咖啡杯，等等。

后汽车时代

现在我们来研究未来会不会出现一个“后汽车时代”移动系统，如果会，这个系统是什么样子的。在第5章中已经提到，根据巴克敏斯特·富勒的说法，一个系统直接被另一个系统取代的情况不可能出现了。新系统可以在旧系统存在的情况下发展起来，就像移动通信和固定电话共同发展一样，但它提供的是完全不同的功能属性。随着时间的流逝，新系统可能淘汰旧系统，但不是简单地取而代之。问题是我们会不会很快改天换地，令人难以记起我们曾经的“汽车时代”（如弗吉尼亚·伍尔芙所说）。它会变得像打字机、黑白电视以及没有计算机的时代一样久远模糊吗？

我们可以先研究新尝试是如何在全世界开始的，包括制造、使用和组装“私人汽车”的新方法，以及关于更全面地重组移动模式及其转移路径的创新。许多潜在的创新者不仅包括大型汽车制造商，还包括其他大型和小型的公司、非政府组织、合作企业、大学、软件设计者、科学机构、市议会、社区企业以及“消费者”。一波“新崛起的环境保护先锋”在不同的领域开创各种低碳利基市场。这不仅有关“新技术”问题，还有关“更广泛的创新”问题，“例如组织形式和商业模式的创新”（Willis，Webb，Wilsdon 2007：4）。此外，某些城市成为开发低碳实验及实施的集中地（Urry 2013a）。

“环境保护先锋”在全世界开展的这种社会运动并不一定有一

个固定的目标。但是，假以时日，创新的鼓点将会敲打在同一个节奏上。也许并没有一个乐队指挥，但同步的创新却能在音乐家背后得以实现，从而导致体制或者系统改变（Strogatz 2003）。制定开创性政策很重要，这将带来“世界性的低碳共有权”。出人意料的颠覆性创新可能在人们预想不到的领域活动、重组并被启用。一系列连锁变化出现后能构成一个新的系统，其规模和重要性堪比 20 世纪的汽车移动系统（参见 Dennis，Urry 2009；Geels，Kemp，Dudley，Lyons 2012；Mitchell，Borroni-Bird，Burns 2010；Sloman 2006）。

本章还将预测什么将取代占据主导地位的基于汽车的系统。如果“汽车系统的裂缝”真的存在，这个裂缝会变大并裂开吗？或者汽车系统足够强大，能赶走所有竞争者，就像在过去的一个世纪里所发生的一样？对于无车化乌托邦愿景来说很重要的事实是汽车系统在过去的 20 年里出现了许多重要的问题：

· 政策制定者、交通规划者以及汽车产业越来越多地意识到与汽车有关的健康、环境和能源问题，这些问题看起来都不能简单地得到“解决”（Owen 2011）；

· 政策制定者和汽车制造商对于当前汽车系统的正常运转影响变小了（Better Transport 2014；Böhm，Jones，Land，Paterson 2006）；

· 中小型企业、非政府组织、市政府和大公司在开发可替代充电系统、车身、电池、燃料新品种以及轻得多的车身材料方面做出了很多尝试（Barkenbus 2009；英国皇家工程院 2010；Tyfield 2014）；

· 城市设计正趋向于限制汽车使用，包括停车限制和税费、交通稳静化、市中心只允许行人通行、公共汽车专用道、自行车专用道、公共自行车计划以及公路收费，等等（Nikitas，Karlsson 2015；Ross 2014：ch. 10）；

· 对石油的未来供应情况很不确定（Murray，King 2012），有反对继续燃烧化石燃料的重大抗议活动举行（碳追踪 2013）；

· 有证据表明在汽车出行较少、市中心居住的人更多的城市里，其居民和外来人员的健康水平更高（Montgomery 2013；Ross 2014）；

· 在汽车依赖地区汽车使用已经较少，包括取得驾照的年轻人人数减少，市内不开车的时间和空间增加（Lyons，Goodwin 2014；Millard-Ball，Schipper 2011；Sheller 2015a）；

· 有证据表明，相较于汽车，一些国家的年轻一代更喜欢智能手机，如果可以选择，2/3 的年轻人声称更愿意花钱购买"新技术"，而不是汽车（Rosenthal 2013）。

然而，在"设计"新系统的过程中会遇到棘手的技术、经济、组织和社会问题。第一个问题是力量是否足够强大，既要超过其他力量，又要有足够的社会力量和能力组建一个新系统（Tyfield 2014）。尤其重要的是"碳资本"的组织利益关系，包括石油公司、汽车公司、国有石油公司，以及各个保护基于石油的移动和生产系统利益的国家和政府之间错综复杂的关系（Paterson 2007；Mitchell 2011；Urry 2013b）。壳牌公司前顾问杰里米·莱格特（Jeremy Leggett）将这种复杂关系称为世界上唯一的最重要的"利益"（2005：12，15；Oreskes，Conway 2010），另有人描绘了"碳网"的复杂触角（www.carbonweb.org）。世界货币基金组织估计这一碳网每年收到的全球补贴高达 5.3 万亿美元（《卫报》，2015.5.19），相当于全球 GDP 的 6.5%。

如果这个资本力量没有被削弱或者被并入新兴的系统，那么没有任何新系统能够建立起来。值得注意的是，大汽车制造商实际上正在重塑自己的形象，把自己从单纯的汽车制造者改装成更广泛意义上的移动组织者（参见 http://audi-urban-future-initiative.com/facts/award-ceremony）。

第二个问题是未来的“后汽车”系统绝对不能消除汽车带来的功能属性，还必须创新推出其他在某种程度上“同样优良”的功能。谢勒写道：“汽车消费从来都不只是理性的经济方面的选择，还要对驾驶做出美学、情感和感知方面的反应，同时还要代表亲属、社交、居住以及工作的模式。”(2004：222)任何后汽车时代的系统必须成为消费时尚，体现的不能仅是对过去时代“失落”和怀旧的情绪。它也许不能包含当前汽车系统的所有属性，但应该具有其他的必要属性，谢勒将其称为动作和情感的动感结合(2004：227)。新系统要时尚而前卫，有趣而惹人喜爱，就像智能手机与固定电话一样形成鲜明对比。另外还要避免能量消耗“反弹”的问题：如果在某一领域节省了能源，而最终却在这个或者别的领域出现能耗的增加(Paterson 2007：199)。

第三个问题是新系统需要的公共支出规模，因为大部分的改变都涉及基础设施建设。为了获得足够的财政收入，需要根据区域内公司的生产规模按比例收税。这样做的前提是当今经济中盛行的外包金融和税收规模能出现逆转(参见 Urry 2014a)。此外，需要建立计算系统以评估各种建立新移动系统的提议。这是一个公开的成本-收益系统，能明晰地将效益划归到特定体系，减仓潜在的资金流。这样的计算系统应该推进集体的利益或者城市大众的利益，而不只是个人的利益。后者往往将高收入者放在优先地位，看重新体系帮他们节省的时间，尽管事实上有效的移动系统应该让所有人受益，蒙哥马利（Montgomery）在论述是什么造就了“幸福的城市”时提到了这一点（2013）。

但是，问题仍然丛生，因为许多基础设施资金来自私营部门，这些公司常常利用“商业机密”借口来隐藏成本/定价计算。这种不透明导致民主力量难以评估其他系统并确保精确计算和有效实现集体收益。同样困难的是创立和资助那些新系统，它们能带来长期效益，但收益难以计算，或者收益期长达几十年甚至几百年（一个明显的例子是英国规划的高速铁路 2 号）。这就是为什么对于一个城市来说拥有一位对城市未来富有远见的市长如此重要，例如麦德林、库里蒂巴、伦敦和巴黎（Montgomery 2013）。但是有一个普遍的问题：当收益和损失难以认定，并且是长期的和集体的，而且常常被看作是共同的，市民如何投票选出并支持可能的未来？

此外，在基础设施评估中，需要考察其未来对所有社会群体的益处，而不是优先考虑某些人群的利益，例如飞机乘客、超市购物者或者有学龄儿童的家庭。基础设施开发项目对于社会群体的影响各不相同，它们产生新的输家，也产生新的赢家。一些明显是公共设施的开发项目大多有益于私营部门的公司，但花费或运作的却是公共部门的投资（例如欧洲许多国家的铁路运营公司）。

为了探究以上这些问题，我将展示和研究城市内部与移动有关的四种未来情景。记住吉尔斯和斯密特的术语“未来之路上的凹坑”，对于研究城市的可能未来是有益的，我们在第 4 章里已经有过研究（更多例子参见 Geels，Smit 2000）。许多对于创新的期待并没有如预测的那样实现。另外，相似的预测每隔十年或者二十年就会再现一次，例如对于远程会议和远程上班的预期都出现在 20 世纪 60 年代，过段时间就重复一次，尽管两者的发展非常有限(Geels，Smit 2000：874—6)。

以下四个情景预测了从现有汽车系统裂缝中“挤压”而出的不同路径。每一种体现的都是对于未来世界的宏观看法，而不是人们是否保持移动性的具体观点。这些未来预测来自我对大量论述未来城市内部移动性的社会科学文献的回顾(包括 Costanza 1999；未来论坛[Forum for the Future] 2010；Hickman，Banister 2007；Urry 2013b；Urry，Birtchnell，Caletrio，Pollastri 2014)。

快速流动的城市

首先，这个城市的居民生活中大量依赖速度更快的汽车(参见 Elliott，Urry 2010，关于“汽车生活”)。城市内部的人们在城市之间快速地来回移动。全球化的形式、规模和强度都大大地得到了提升。这些城市对于民众的流动尤其是旅行者的流动没有加以特别的限制。当前出现在发展中国家的未来主义城市展示了理想的流动性城市的模式，例如上海、迪拜、卡塔尔、香港、里约、首尔和新加坡。

在这样的未来城市，快速移动性是每一个人的重要“角色”特征。个人自身的以及孩子的、朋友的出行和消费决定了自己的社会地位。未来市民每天平均出行时间高达 4—5 小时，而目前是 1 小时左右(称为“固定出行时间”假设)。当世界真的变成了一个交换物品、服务和友谊的超级市场，在全球任何一个地方都可以获得令人震撼的全新消费体验。各种设备和应用软件使得地理位置与日常生活几乎没有多大关系，工作、友谊、家庭生活以及许多业余活动都处于“移动中”。教育和工作已经全球化了，有很多是在网络上展开，但快速频繁的移动依然存在，所以还会出现“交流”。城市也“伴随着嘈杂的交流”，这是高科技移动城市的特征（Amin，Thrift 2002：86—7）。

作为会议和流动办公地的“咖啡馆办公室”将得到广泛纵深的发展（Garside 2014）。许多机构已经配备了“非正式办公室”或者“共享空间”作为临时的（非固定的）同事们随时开会的地方。当人们需要面对面交流时，许多精心设计的空间就满足了在空前紧张的“移动生活”中进行简短交流的需要，例如机场的休息室或者酒店的大堂（我们能看到校园设计成了机场休息室的样子）。

有些会面在无人驾驶（或者数字）汽车里进行，会面发生在旅途中的时间越来越长（Laurier，Dant 2012）。无人驾驶汽车可以减轻长途出行的疲劳，同时让出行者更有效地利用出行时间，使出行更有意思（参见预测 Sharon 1983）。在这样的未来城市，无人驾驶汽车将发展为短暂会面的场所，因为人们从车辆驾驶中解放出来了（www.bbc.co.uk/news/magazine-25861214）。这样一来，人们就不再会因为道路拥挤、交通缓慢而感到不安，“生活”终将平稳继续，并永远在行进中。

在这样的未来城市里，就像许多有关未来建筑和电影的预测一样，城市上空也会有各种交通工具来往穿梭（Bridge 2013）。城市的结构将是垂直的，越来越多的各种无人或者载人的空中交通工具沿着轨道穿行。在如今的圣保罗和其他城市，直升机已经司空见惯，富裕居民和来访者能因此避免地面拥挤的交通和猖獗的犯罪（Budd 2013；Cwerner 2009）。在一些城市区域，许多轻型私人飞机被允许使用。微型飞机在城市边缘区域飞行已经是一种常见的休闲方式（Laviolette 2012）。

摩天大楼面积太大，需要飞行器才能到达，例如单人喷气式飞行器以及其他垂直降落的交通工具(Lehto 2013)。越来越朝垂直方向发展的城市迪拜以及高达2 717英尺的世界最高建筑哈利法塔是未来城市垂直发展的典范。也许由多层高塔构成的垂直农场可以容纳动物和农作物,而不仅仅是住人,第一个商用垂直农场于2012年在新加坡开业(Biel 2014:194;参见Despommier 2009)。精英人士推动了城市规划和基础设施设计的垂直化,通过畅通无阻的空中交通和高空居住逃离普通人群。社会不平等加剧将推动垂直高速移动城市的发展,如格雷厄姆(Graham)所述,这一发展依赖电梯技术的惊人发展(www.slideshare.net/sdng1/supertallultradeep?related=1;参见Birtchnell,Caletrio 2014)。关于这种城市的科幻小说有J. G. 巴拉德的反乌托邦作品《摩天大楼》(*High-Rise*),小说中的40层城市高楼很快从文明状态发展到捕猎采集的野蛮状态(2005 [1975];参见2015年改编的电影)。

与此相关,亚马逊公司正在开发给顾客送包裹的无人机。送货机可以在城市上空穿行,从而减少地面运输费用。总而言之,无人机越来越小,有些设计模仿昆虫的飞行特征,例如天蛾。这些微型无人机本只出现在科幻小说中,现在正靠近并走进我们的生活,甚至能直接停在窗台上。无人机将越来越多,因此这座移动城市将需要和道路空间一样多的飞行空间(参见《无人机城市》[*City of Drones*],https://www.youtube.com/watch?v=GF2s5r-trRQ)。

此外,精英人士还将定期乘坐维珍银河公司的最新款飞船进入太空。人们对太空旅行不再陌生,网站上可以看到太空旅行的定期广告,也可以网上预定(太空旅行保险已经可以在网站www.thelocal.de/national/20111118-38951.html购买)。

但是只有当一个后碳时代的新能源系统被开发出来并在全世界运行之后,这种快速移动的城市才能发展起来。这样的系统能确保人和货物的流动性，同时还能减少二氧化碳的排放。在这个未来情景里，世界末日不会成为现实，因为出现了一个新的低排放社会技术系统，能源供给和气候变化的问题都得以解决(Geels 2014)。未来的快速城市需要一个新系统出现并快速影响全世界。

然而，这样一个可以不用石油就能确保人和货物大规模运输的系统必须在目前就处于初步形成阶段。它在规模和重要性方面可以比肩1901年纺锤顶油田第一次石油井喷之后在全世界出现的系统。它还需要一系列的创新来加强该系统(参见Perez 2002，关于创新集群)。并且历史表明新的系统系列需要几十年的时间才能走向全世界。要发展一个城市的新交通系统并在未来20年内产生影响，这个系统必须已经开始发展。美国国家情报委员会这样总结需要的时间跨度："从一种燃料(化石燃料)到另一种(替代能源)燃料的能源转化，历史上在一个世纪里至多只发生过一次，其影响重大。"(http://news.bbc.co.uk/1/shared/bsp/hi/pdfs/21_11_08_2025_Global_Trends_Final_Report.pdf)任何可能在2050年前建设这样一个未来快速移动城市的新系统必须在现在就获得全世界力量的支持。

唯一可能取代石油的能源是氢能。十年前，氢能似乎是替代石油、天然气和煤炭能源系统的基础。氢构成了宇宙质量的75%，理论上能提供无限的不排放二氧化碳的交通能源。里夫金将氢经济称为零排放的"能量灵药"(2002)。在20世纪90年代，许多研究项目开始探索氢能如何才能提供这种可替代的能源系统。各公司建立了大型氢能研究团队，一些市政府开始建设以氢能为基本能源的城市(芝加哥、夏威夷)。1999年，冰岛宣布自己将成为第一个"氢能社会"。围绕开发氢能的重要研究专业体系已经建立，氢能似乎就是"未来"。

然而，与化石燃料不同的是，氢不是一个自由独立存在的能源，更有点像电能那样是一个能量载体。氢能必须被转化、储存和传送。目前转化为能量的氢至少有一半需要燃烧天然气。零碳排放的氢能生产方式确实存在，但费用要贵许多倍，因而极少使用（Ehret，Gignum 2012；Romm 2004）。

氢可以作为气体直接燃烧，也可以转化成液体充进燃料电池。如果直接利用，需要建设一整套生产和传输的新基础设施。管道的设计需要考虑高泄漏和氢气蒸发的可能性。在常温下，氢占据的空间比正常的石油燃料大。因此，车辆的气缸盛装的是易泄漏的气体，并需要承受高强度的撞击。另一种运输氢的方式是转化成液体后用液罐运输，但氢的液化需要－253℃的超低温，冷藏氢气的费用极其昂贵。

基于氢能的汽车系统最具可能性的办法是使用燃料电池，丰田公司将其试用在 Mirai 汽车上（日语意思是“未来”：www.toyota.com/fuelcell/fcv.html）。燃料电池是一个装有氢和氧的盒子，能产生电能和水蒸气。燃料电池通过化学反应转化能量，产生电能的方式与蓄电池的工作方式相似。这样能确保接近零的碳排放。与蓄电池不同的是，燃料电池不需要充电，只要有燃料，它们就能产生能量。除了丰田，由于面临大部分汽车市场设置得更加严格的二氧化碳排放标准，通用汽车和本田公司也在计划共同开发氢燃料电池汽车。

适用于交通的燃料电池是质子交换膜燃料电池，但这种电池要求氢的纯度很高。而现在的模式是提供天然气或者石油转化的氢，其能效约为 35％—40％，和内燃机差不多。建一个加氢站要花费约 100 万美元。建设一个低碳、基于氢能的移动城市面临巨大挑战，令人望而却步。

接下来我们将研究一个不增加人和货物物理移动的未来城市情景。

数字城市

在数字城市或者智能城市里，可以通过多种数字交流或者体验的方式大量替代货物和人的物理移动。本书第 1 章已经指出到本世纪中叶也许会出现一次特别的“智能爆炸”或者“奇点”，那时计算机的计算能力超过了人类。库兹韦尔认为人类和技术将通过计算、基因技术、纳米技术和机器人技术领域的并行发展而实现融合(2006)。即使真正的奇点没有出现，人类本质也将发生重大变化。

目前，城市内的“会面”被看作是人类生活的重要部分。关键是面对面的交谈，伴以饮食、音乐以及许多共有的空间。格莱泽(Glaeser)论述了近距离、密集和亲近是城市生活的核心(2011：6)。有些城市创造了人与人会面的机会，有计划的，尤其是还有无计划的。这些会面能产生“隐性知识”，一种难以表述并容易失去的知识。这种共同在场及其在协调企业、专业、团队、家庭、朋友关系中的作用对于城市生活来说至关重要(Glaeser 2011；Storper 2013)。城市需要人们“来回奔忙”，部分原因是同事、家庭和朋友会面的范围较广，会面离不开交通出行，这样才能保持近距离、密集和亲近感。确定和保持会面以及隐形知识在金钱、时间、情感和碳资源方面都耗费巨大(细节参见 Elliott，Urry 2010)。

然而，在数字城市里，这些“亲身的会面”或者这种相会的地点就没有那么特别了。即使没有真的见过面，没有握过手或者亲吻面颊问候过，人们依然会觉得他们互相认识。数字会面将被看作和面对面的会面一样好。就像福斯特的小说《机器停止运转》里所描绘的那样，每个人都依赖于“机器”带来的联系，这个机器我们也可以叫作网络或者云。

因此，在这个未来之城，“数字生活”将成为生活方式，人们几乎没有真正出行的需要。软件能够“聪明地”计算出完成任务和生活的最佳方式。总体来说，数字世界对于工作、交友和社交生活来说很重要。同样，人们会说他们去过某一个地方，虽然他们其实只是通过数字方式“去过”。人们将把数字“体验”当作“真实生活”。到本世纪中叶，沉浸式虚拟环境将有效激发共同在场的会面和人们在其他地方的内在体验（Montgomery 2013：158—9）。

此外，物理环境本身也会变得“智能”。当人们在都市和其他环境内部和周围移动时，这个智能的环境以一种更加互动的方式感知、适应并且改变人们的生活（www.theguardian.com/smarter-cities/smarter-cities-new-technology-social-improvements；Shepard 2011）。新西兰的基督城是在2010—2011年地震后重建的城市，是一个“智能生活实验地”。这里建有“传感地毯”，所获得的大量数据可以通过开放的数据库提供给公众（参见Condie，Cooper 2015）。

“邂逅”通常发生在相距遥远的人之间，他们实时操控着一个叫作“doubles”的遥控机器人（Weiss 2012）。操控者的脸出现在一个小平板或者显示屏上，他们使用一个机载摄像机拍摄并播放实况，还有一个麦克风和镜头向外的摄像机实现双向交流。doubles机器人在物理空间移动，和其他的参与者互动，有虚拟的也有真实的。无处不在的无线充电设备将保证doubles随意移动而不会出现没电的情况。无形的数字信息与有形世界的联系越来越紧密，比如在这种情境下人们就可以通过手势与虚拟信息交流。

数字城市模式的前卫方式可以见诸北部发达国家年轻人的生活中。过去汽车使用增多的主要表现是更多年轻人（尤其是年轻男性）倾向于获得驾照，因为这样才更可能拥有汽车。但是现在汽车出行已经不再增多（在大多数欧洲国家），或者开始减少（美国）：“旅行已经在全部八个国家进入停滞期。”（Millard-Ball，Schipper 2011：364—5）在英国，自 2006 年起，汽车出行里程数开始下降（D. Clark 2011）。美国在持续增长 15 年后也出现了类似的汽车里程数下降（Sheller 2015a，关于汽车使用峰值）。

此外，大多数调查表明数字体验现在对年轻人来说更为重要（Geels，Kemp，Dudley，Lyons 2012：ch. 16）。作为“出类拔萃”的象征和决定一个人“文化资本”的因素，获得驾照和拥有汽车已不是那么重要了（Bourdieu 1984；Rosenthal 2013）。在追求时尚的年轻人中，智能电话而不是汽车更能代表社会身份（Weissman 2012）。在德国做的一项研究表明汽车已不再是“必须拥有”的身份象征（www.siemens.com/innovation/apps/pof_microsite/_pof-fall-2011/_html_en/networked-mobility.html）。最近英国的一项研究表明，一半被调查的年轻人回应说在他们的朋友中汽车正失去作为主要身份象征的地位（Lyons，Goodwin 2014）。

我们可以这样预测，数字城市里的个人汽车将更像“联网的计算机”，连接着其他车辆、传感器以及服务器的数据流。谢勒说现在全世界拥有将近 70 亿部移动电话，到 2020 年联网的终端设备将达到 500 亿个（2015a）。这种高度互联性将颠覆由一系列汽车组成的单个汽车系统，将变成“互联汽车”连接系统，它能命令、管理、追踪，有时还能“自动驾驶”每一辆车，并且监控每一个驾驶人/乘客。这种互联汽车系统依赖一个移动的信息丰富的环境，这个环境正日益发展为“智慧感知城市”的一部分（Shepard 2011）。这将改变“汽车-驾驶人”情感体验的本质，而赋予其互联、智能以及聚集的特征。

威廉·米切尔（William Mitchell）及其合作者基于超级存储器这一“小技术”展开了对于未来汽车的预测（参见第5章）。这一技术将互联引入车辆内外，它将“接入车辆内部，提供驾驶人需要的导航、音乐、广播、电影以及互联网内容”（Mitchell，Borroni-Bird，Burns 2010：48）。联网小型车雪佛兰EN－V依靠的是一个小型混装设备，包含小存储器、音乐播放器、手机以及大数据和地图/卫星导航系统接入。在这一未来情景下，汽车里到处是屏幕和互联接入，这是真正的“智能汽车”。

据统计，一个典型的美国人每天盯着显示屏看的时间至少是八个半小时，常常同时盯着看的还不止一个屏幕（Carr 2010：87）。对每一个显示屏的注视都会干扰其他屏幕，因此很少出现持久的线性思维；数字城市的特点是多界面、多任务同时进行以及负载过重。生活在数字城市里的人都持续“在线”，即使是在汽车里亦如此，因为显示屏都能折叠嵌入家具、放进衣服和许多城市环境中。

看起来数字生活正在改变人们对于人脑的期望。数字世界中常见的是非线性阅读、极快速的浏览以及极少出现的延时满足。这又导致理解和回忆水平的改变，一种“干扰”状态或者卡尔（Carr）所谓的“淡化体验”（2010）。他把数字生活的特征比喻成在电子数据森林中狩猎和采集。谷歌实际上外置了记忆，鼓励遗忘，让每个人可以所知甚少。但如果自我高度数字化，就会对人脑和自我的结构产生长远的影响。数字生活将使人的智力退化成“人工智能”。

格林菲尔德（Greenfield）问过一个更具普遍意义的问题：在数字世界里，人们如何对他人产生适当的共情？共情被看作社会资本和国家隐形财富的关键(2011)。格林菲尔德认为真正的共情要困难得多,“如果他们通过媒介建立关系,这样就没有机会进行充分的眼神交流,揣摩别人的声音语调或者身体语言,学习如何以及在什么时机主动拥抱和接受拥抱”(2011)。研究似乎表明社交媒体的广泛使用没有加强信任,反而令人更加孤独,这和E. M. 福斯特描述的与大机器有关的反乌托邦小说中的情形相似(Keen 2015:68)。

普适计算、无数的传感器和大数据将成为数字城市的特征(还有高耗电量)。人们将留下移动、购买、交流和生活的“痕迹”。由于数据库是互联的,那么将每人每天成千上万的本不相关的数字痕迹拼合到一起就成为可能。因此,数字城市里的每个人都得以重塑自我,来自几十亿台计算机和传感器的数据库重新整合了他们的“数字形象”。一个由一万亿个传感器组成的网络覆盖着全世界,并向任何有需要的人提供数据(www.economist.com/node/17388368;Graham 2011)。但是,由于防火墙较少,涉及的设备越多,系统就越脆弱。系统出现连锁崩溃的可能性就更大(www.wired.com/opinion/2014/01/theres-no-good-way-to-patch-the-internet-of-things-and-thats-a-huge-problem)。

在数字城市,人们不再定居在所谓的“城市”,而是时不时地亲身到访,同时保持数字在线。我们可以预料到“反都市化”的出现,各种创新技术使得人们可以不必定居在某个地方。例如,布法利诺三轮单人房车就是专为数字流浪者设计的车轮上的单人公寓,其动力源于一辆节油经济型三轮汽车(www.designboom.com/design/cornelius-comanns-bufalino)。此外,最先出现在日本的为长途旅客服务的胶囊旅馆能为突然增加的城市居住人群提供价格合理的临时住处(Macdonald 2000)。更多的是为城市暂住者提供的旅馆式公寓。人们以分布式方式居住，大多数都定期出行。通信交流则同时依赖各种数字技术，例如遥控 doubles 机器人，利用相机、网络技术以及远程临场和数字替身产生“数字会议效果”。人们也许不是每天或每周往返出行，而是住在私人移动住所，城市成为旅途中的一站而不是终点。

数字城市的另一个关键要素是 3D 打印，产品设计的数字传输代替了产品本身的运输(参见第 7 章)。大量 3D 打印店出现在街头、商业街和购物中心。3D 打印可以将商业街变成产品制造街。城市再次因为各种制造的声音而变得喧嚣。同时，3D 打印、人工智能和机器人技术可能导致许多工作岗位的消失以及工作时间的大幅减少，1930 年凯恩斯就已对此有过预测(1963[1930])。大量这样的产品制造都是远程自动控制，制造出的产品通过亚马逊公司最早使用的人工智能系统或者类似的“仓库”运送到家。智能机器人将承担大量的生产和运输工作。

宜居城市

第三种情景涉及用一些社会实践取代另一些社会实践，其基本理念是降低城市碳排放强度。这一未来前景来源于当今环境保护主义者、科学家、非政府组织和智库的理论和实践创新。在宜居城市，高能耗车辆将失去其重要地位。邻里系统规模变得更小，城市分割成更加自给自足的社区，分区更加灵活。基于“中心-蔓延”模式的城市渐渐失去重要性和吸引力(Ross 2014)。除了自行车，其他个人交通工具也通过信息、支付系统、使用权管理以及与其他各种交通方式相联结来进行电子化整合。许多“车辆”将变得小而轻，智能并且共享。旅行主要就是使用这样小而轻的移动交通工具。

如果人们使用的主要是电池驱动电动车，那么就需要相关政策和实践来确保它不是汽油驱动车辆的补充，而是一个假以时日能够令汽车逐渐消失的系统。但是，即使电动汽车依赖于化石燃料发的电（尤其是在中国），它们的每英里能效也是汽油发动机的四倍（英国皇家工程院 2010）。

共享模式也很关键。汽车共享模式是新“使用权”经济的一个例子，它融入了更加广泛的移动系统。据称全世界有 1 000 个城市采用了汽车共享模式（Sheller 2015a）。在赫尔辛基，人们在使用公共和私人“交通服务”时，智能卡或者超级存储器可以管理使用和付款。这种“随付随走”的电动车使用模式将吸引熟悉使用移动电话付款和互联网服务的年轻人（Owen 2011：ch. 3）。“汽车公路”和“骑行/步行道”的平衡将出现根本性改变，后者会比汽车获得更大的空间。公路也不再主要供汽车通行（Reid 2015）。

确实，无车运动会深入人心，许多城市将实现部分无车或者全部无车。前文已经指出，在 2014 年达沃斯高峰论坛上，一个呼声甚高的观点是气候变化意味着重新设计或者重新建设无车城镇。这个大胆的提议来自美国前副总统艾尔·戈尔、墨西哥前总统菲利普·卡尔德隆及全球经济和气候委员会的同事们。一个世界无车网站已经建立（www.worldcarfree.net）。《快公司》（*Fast Company*）杂志找出了朝着无车化方向发展的城市，包括马德里、巴黎、汉堡、赫尔辛基、米兰、奥斯陆和哥本哈根（www.fastcoexist.com/3040634/7-cities-that-are-starting-to-go-car-free）。

宜居城市还需要重新做一些区域规划以实现密集型居住，并转向非常小规模的实践。工作地点应该靠近人们的居住地，本地学校和大学提供教育服务。全世界的“国际生”数量将大幅减少

(源于迪拜100所左右的海外校园)。在这样的城市,商品和服务都更为简单,生产、消费,尤其是修理都在附近完成。人、物品、货物以及金钱的流动距离将出现整体性减少。

在这样的城市里,人民幸福程度较高,虽然用一般的经济指标来衡量,大多数人"略显贫穷"。宜居城市意味着一些要素聚集并互相补充和加强。社会地位依据人们对本区域所做贡献而重新定位。在宜居城市里社会地位高与拥有和世界范围内其他人的广泛联系无关(Peters,Fudge,Jackson 2010;Urry 2013a)。蒙哥马利的《幸福城市》(*Happy City*)详细描述了当达到一定的收入水平之后,更多的商品、服务和收入,尤其在贫富悬殊的城市,只会带来更多的不幸福感并削弱"繁荣发展"的能力(2013;Sheller 2015b)。

宜居城市通过缩减社会活动的规模来减少能源的使用。人们有更多的机会进行面对面交流,并与他人建立和保持良好的关系(Latouche 2009: 70)。许多研究都引用简·雅各布斯的经典著作,她论述了结邻而居、居住区和商业区融合、去除区域分隔、大量使用慢旅行模式以及消除临近区域收入和财富悬殊的好处(1992 [1961];Owen 2011:ch. 1)。

"后郊区时代"的社会生活将发展起来,系统地颠覆郊区"蔓延"的进程(Owen 2011:25)。欧文认为美国最彻底的绿色城市是纽约(或者至少是曼哈顿区),因为这里本地联系便捷,拥有和使用个人汽车几乎没有可能。他提倡一个建设绿色大都市的三维政策:住小一点,住近一点,少开车。我们已经意识到长途通勤对于社会的几乎所有方面都有害处,因此应该减小通勤的规模和影响(Montgomery 2013:ch. 3;Owen 2011)。

世界上有许多这样的例子,这些城市里的一些社会实践至少已经减少并在本地进行,它们正向着宜居城市模式迈进。波哥大做出了许多创新，包括街道的中间区域留给自行车和行人，汽车道在边缘。巴西的库里蒂巴在50多年前就启动了第一条大规模公交车快速客运系统（Nikitas，Karlsson 2015）。代尔夫特首创了共享空间的概念（http://usa.streetsblog.org/2014/11/17/shared-space-the-case-for-a-little-healthy-chaos-on-city-streets）。此外，温哥华以楼宇密集、极少扩张、使用自行车、步行或者公共交通出行以及提供绿色空间和开阔视野的方式，成为碳排放最少的北美城市（Montgomery 2013）。

因此，高能耗交通系统出现了许多裂缝（Geels，Kemp，Dudley，Lyons 2012）。建设未来宜居城市的伟大动力正在聚集中。

堡垒城市

最后一个情景是堡垒城市的发展。富裕社会脱离贫穷社会，发展成戒备森严的飞地。富人住进了封闭的有护卫的区域，在许多群体中，原本是公共的或者集体的功能区域变成了私有的（Davis 2000；Graham 2011；Leichenko，Thomas，Baines 2010：142）。

飞地之外是"野蛮区域"，权势阶层都是快速通过此区域。只有超级富豪拥有长途出行系统。鲍曼认为拥有这种能力的关键方法是"逃离、摆脱、忽略和避免，有效地抗拒任何地域限制"——有能力避免他人的约束，用逃离来获得"绝对的独立"（2000：11）。许多精英人士离开了需要承担义务的地方。我们可以说，精英越来越像"外居地主"，当"离开变得困难"时，他们依然能够撤离（Bauman 2000：13；Urry 2014a）。

未来将出现“堡垒般的”高墙包围的城市和受到重重保护的居民，它们与中世纪的城市相似，保护居民免于遭受袭击、侵略和疾病。飞地以外的人则不能或者不愿远行。长途旅行很危险，只有当人或者机器全副武装后才可能成行。富人主要乘坐装备武器的直升飞机或者轻型飞机出行，如前文所述，这一模式在如今的圣保罗已经出现(Budd 2013;Cwerner 2009)。

未来学家盖洛宾(Gallopin)、哈蒙德(Hammond)、拉斯金(Raskin)和斯沃特(Swart)认为：“精英人士躲进受保护的飞地，大都出现在传统的发达国家，但在贫穷国家也有类似的受青睐的飞地……污染也被转移到了飞地之外，这进一步加剧了贫困人口的不环保行为以及富人掠夺资源造成的环境恶化。”(1997:34)这种现象在当今世界很常见，垃圾和废气排放都转移到了更贫穷的发展中国家(Urry 2014a)。我们可以说在中东和北非的一些地区就有堡垒城市，同时也有很多野蛮区域。

在这个“野蛮的”未来，石油、天然气和水资源匮乏以及不断出现的战争将摧毁生产、交通、能源、通信交流以及重要的基础设施(Froggatt, Lahn 2010: ch. 4)。由于能源匮乏，许多基础设施系统崩溃，地区之间的生产和消费越来越脱节。自行车、汽车、计算机和电话系统再循环越来越区域化。这些系统大多数时候都处于不工作状态，因为在这样的城市里无法组建“维修”系统。一旦这些系统不再运作，基础设施也会慢慢损坏。达特内尔认为崩溃的世界的各个方面都需要“重建”，需要重新构建各方面的知识体系以保证社会的运行(2014)。

这样一个能源和知识匮乏的城市将导致生活水准下降，人们更加关注越来越私有化的安保产业产品，交通模式可能重新变得区域化，旅游型城镇成为鬼城，资源引起的“新型战争”越来越频繁

(Kaldor，Karl，Said 2007)。将会有私人雇佣军和国家军事力量、非职业军队(有时候由“童子军”组成)使用市场/互联网上购买的廉价武器，没有固定阵线和条约的军事力量与和平进程出现不对称发展，平民成为军事袭击目标，尤其是自杀式炸弹和无人机袭击，军事头目同时具有企业管理和军事技能，这样的战争倾向于无限期延长。战争的幽灵一直侵扰着堡垒型城市的生活，年轻男子参与作战，女性则可能被强奸，体面的生活面临威胁。

这种新型战争将会出现在正在衰落的国家里，尤其是当“私人军阀”力量发展和廉价武器增多时，那里的合法政府手中没有独有的控制力量(Woodbridge 2005：207)。这样的新型战争可能是为了争夺能源和相关资源，涉及各国家、公司、非政府组织、恐怖分子以及其他许多非国家机构网络。此外，如上文所述，遭遇新型战争后，国家更可能衰落，这使得资源的开采、运输和提炼极其困难(并将进一步减少有效能源储备)。这些新型战争还将导致强制移民。

这是一种对未来城市的“新中世纪主义”预测。与中世纪相似，这里没有民主，国家合法统治力量有限，出现了许多拥有军事和意识形态影响力的非国家组织，跨国界非法移民很多，出现了大集团帝国，为了争夺稀缺资源发生新型战争和激烈冲突。城市生活就像霍布斯的《利维坦》里描绘的那样：“孤独、贫穷、肮脏、残酷和短暂。”洛夫洛克指出了石油、天然气和水的峰值问题，从更普遍的意义上来说这是“西方生活”的问题。比起越来越依赖移动生活的 20 世纪，资源匮乏将使经济生产和社会生活更加局限于当地区域(参见第 3 章)。

《疯狂的麦克斯 2》展现的就是这样一个充满暴力的反乌托邦式未来。这部电影构思于 1973 年欧佩克组织石油价格上涨之后，人们对于西方的未来做出了种种不祥的预测。在影片中，可以获得石油或者能运用如空中飞行这种新的交通方式的人获得了权力(参见 Budd 2013,关于私人飞机旅行增多)。

有些评论家认为"汽车城"底特律的辉煌历史是这种反乌托邦式未来的先兆。在 20 世纪早期,底特律崛起成为美国第三大城市。它是世界人均收入最高的城市,制造业高度密集,福特红河工厂是著名的现代工厂综合区(Kerr 2002:126—30)。到 20 世纪 50 年代,底特律的人口将近 200 万,其中许多人就在这个世界汽车工业中心工作,当时汽车工业是全球领先行业。但是,现在底特律的人口已经降至不到 70 万。人们将其称为被遗忘的地方,汽车厂房被废弃,高速公路空空荡荡,无人居住的房屋污损不堪,空置的摩天大楼上长出了小树,半数的孩子生活在贫困线下,许多成年人缺少必要的技能(参见生动而又形象的《底特律:最后的日子》[*Detroit: The Last Days*]:www.guardian.co.uk/film/2010/mar/10/detroit-motor-city-urban-decline)。

这是一个反乌托邦式未来的样子,一些地方建立了堡垒般的城市,而其他类似底特律这样的城市将走向衰亡。确实,这些任其衰亡的地方将再次变为野地,因为城市是"多重属性的"(Lorimer 2012)。许多危险的"入侵物种"将扩张并穿越一个重新变得野蛮的"都市丛林"(参见 Monbiot 2013)。在这一未来世界里,堡垒城市外的猛兽将使这些地区走向蛮荒,就像当代的底特律被抛荒,城市的 1/4 已经回归成为田野和森林(www.nbcnews.com/id/35767727/ns/us_news-life/t/detroit-wants-save-itself-shrinking/#.VTTe_v50yUk)。

在这些野蛮地区活动的是各种野外机器人。它们可能是由波士顿动力公司开发的"哺乳动物仿生四足"机器人,例如"大狗"机器人(www.bostondynamics.com/robot_bigdog.html)。这些拥有四肢、电池驱动的行走机器人模仿动物的动作,传感器和人工智能根据它们活动的艰苦环境自我调节行为模式。由于能负重,这些仿生四足行走机器人能运送人类通过各种不同地带,非常适应堡垒城市外猛兽和流浪动物出没的蛮荒环境。我们也可以预见在这些蛮荒区域将会出现"算法杀戮",这是现在"阻止机器人杀手"运动呼吁禁止的现象(www.stopkillerrobots.org)。

情景评估

因此,2050 年将可能面临四种城市未来,其中个人汽车发挥了不同的未来作用。没有哪一种是人们想要的或者一定会实现的。并且,在不同的大洲,城市的可能形式也会有差异。

总的来说,第一种未来的可能性相对较小。罗姆(Romm)认为氢燃料电池实际上是一种较差的汽车动力(2004)。如果氢是由可再生能源产生的,那么使用这种能源给全电动或者插电式混合动力车的电池充电就较为容易。将能源转化成动力最有效的方式是通过电,因为相关基础设施已经建成。氢燃料电池还没有能够解决车辆高成本、燃料高成本以及缺乏氢燃料传输基础设施等问题。罗姆指出在未来 20 年里要迅速同时解决这些棘手问题需要好几个奇迹发生(2004)。因此,到目前为止尚没有获得足够的进展和支持,不足以推动世界范围的大规模变动,这需要一系列重大技术快速组合以构建一个非常复杂的系统。

另一个关于快速城市的未来是在化石燃料依然存在的条件下更多地燃烧和利用化石燃料。如果否认气候变化的运动在全球争议中获胜,这一切可能会发生。用美国前副总统候选人莎拉·佩林(Sarah Palin)的话来说,那就是全球正统思想可能是或者仍然是

“钻吧，宝贝，钻吧”（http://en.wikipedia.org/wiki/Drill,_baby,_drill）。如果出现长期的全球经济衰退，这个未来很有可能会实现，虽然这与对开采和燃烧越来越多的“易得石油”设置技术、政治和经济限制条件背道而驰（Urry 2013b）。

数字城市的未来设想源于国际大型计算机公司的影响力，它们被称为“妖魔服务器”。我们注意到拉尼尔的观点，他认为未来越来越被掌握在数据公司的手里，比起 H. G. 威尔斯的“世界脑”一说，“谷歌脑”的说法也许更准确（Lanier 2013）。舒尔茨（Schulz）又特别准确地阐述了“硅谷如何塑造我们的未来”（www.spiegel.de/international/germany/spiegel-cover-story-how-silicon-valley-shapes-our-future-a-1021557.html）。科恩（Keen）描绘了“非盈利的互联网是如何转化为赢者通吃经济”的，尤其是在硅谷及其附近地区，虽然“互联网不是原因”（2015：39）。这种新数据工厂经济几乎改变了一切。硅谷技术专家和公司的理念是“互联网是永远的正确答案”，那些提出反对意见的都是勒德分子（Keen 2015：140）。有一个强大的动力被科恩称为“礼品经济”，“在礼品经济模式下，所有的利润都被极少数越来越垄断的互联网公司获取”（2015：142）。这一切将确保数字城市未来在 2050 年实现，如果不是更早的话。尽管有越来越多的著作和报道证明数字生活并不一定就是美好生活，但这个未来还是会发展起来的（Carr 2010；Keen 2015）。

由于宜居城市未来设想涉及对所有现行系统的重大颠覆，在全世界实现这一情景的可能性相对较小。最可能实现宜居城市的条件是北部发达国家发生气候变化灾难，这一灾难毫无疑问是由气候变化、高碳生活和系统造成的（参见第 9 章的深度分析）。另一个可能的前提条件是发生一次与 2007—2008 年类似的全球经济衰退，有很长一段时期没有产出和收入。如果有一场强大的社会运动通过辩论、树立典型和抗议等形式来呼吁绝对有必要建设宜居城市，那么一场全球性的经济衰退也许会使小规模的城市生活显得更有吸引力，更为合适。

最后，如果以上三种未来都没有能够实现，那么最可能的，也是剩下的未来就是堡垒城市了。当然，世界上很多地方已经是“堡垒城市”了，这个系统的要素已经确立。本书第 3 章探讨的许多灾变论著作指出的未来城市最可能的模式与堡垒城市类似。

9 气候

气候变化是否能够改变一切?

本书前面好几章的中心问题都是未来"气候变化"问题。多个学科交叉融合共同就其做出了有力的阐述,预测了人类生活在不远的和较远的将来会有什么样的改变。本章作为第三部分的最后一章,利用前面章节里的材料研究气候变化的未来。对于本书中讨论的难题,气候如何以及为何改变这一问题是关键。

首先,气候变化问题把未来作为关注的重点。由于关于全球气候如何变化以及为何变化有激烈的争论并且没有定论,分析未来就非常必要。研究气候变化需要理解和模拟长期的未来,尤其是温室效应气体排放及其产生的后果的后续影响,因为它们已经在大气中存在了几百年(参见 www.theguardian.com/environment/2012/jan/16/greenhouse-gases-remain-air)。气候变化带来了各种预测未来的新方法和新理论,它们能介入发挥作用,从而避免气候变化带来可怕后果。此外，不远的将来将要发生与出现的事件和社会实践是造成这些未来前景的部分原因。

第二，弄清气候变化的“成因”和“后果”需要跨学科研究和理论。这不是也永远不可能只是一门学科的问题，更不是一门社会科学学科的问题。多个社会物质系统与全球气候变化有关，它们相互依赖，作用于不同的时间和空间。“气候变化”不是一个能在某个系统内通过调整就能解决的简单问题。戈尔称之为“来自地狱的问题”，因为“其复杂性、规模、时间跨度都使得公众对于这一危机及其成因和解决办法的讨论更加困难”(2013:314)。这是一个系统依赖与棘手问题的典型案例；这个案例确实印证了这些理念(参见第 4 章)。尤其重要的是气候理论中的典型性转变，在洛夫洛克提出的盖亚理论之后，出现了地球系统科学，气候理论经历了从把气候看作“环境”的一个要素到把地球自身看作一个系统的转变过程(2006,2010;Stengers 2015)。

第三，气候变化不仅与物理或技术的未来有关，还与社会未来有关。“人类活动”对于温室效应气体排放增加负主要责任，因此也是气候变化的主因，这意味着社会曾经的以及未来的组织结构对于预测气体排放的未来模式和未来的温度至关重要。下文我将论述人类世这一主题，这是一个有争议的地质新时期，一些人认为这一时期“人类活动”的本质发生了巨变，并对“地球系统”产生了重大影响。

第四，本书认为现在对于未来的预测常常不具有指导作用，对于气候变化问题更是如此。许多气象学研究需要回顾、探究各个久远的历史时期，包括能记录 80 万年来气候状况的冰芯。另外一些气象研究则研究树木的年轮，年轮显示温度的历史变化，可以据此预测未来的气体排放和温度。此外，社会的历史以及过去人们生产和消费能源的模式使分析者得以通过研究社会物质系统锁定和路径依赖来预测未来的模式。许多气候学家和能源专家基于对过去各种历史记录的分析设想了未来情景。奥雅纳公司、英国石油公司、新兴技术中心、英国皇家事务研究所、未来论坛、联合国政府间气候变化专门委员会、五角大楼、丁铎尔中心、联合国环境规划署、美国环境保护署等都提出过有意思的未来情景(Hunt 等 2012)。

最后,有关气候变化的讨论将改变高碳排放社会的发展方向。如果气候变化被看作是影响当代社会正常运作的重大威胁,不能再“一切照旧”的呼声将会高涨。各国会通过国际协议展开合作,支持公用基础设施建设,如公共交通和价格合理的住房,帮助恢复地方经济/社会体系,协助从“碳资本”这样的公司权力走向民主,抵制自由贸易和全球劳动分工,推进原住民地权和本土知识形态,重新调整经济/社会体系,呼吁将大量化石燃料融化留存在地下,抵制经济无限发展的规划及其造成的种种不平等(参见 Bond 2012;Klein 2014;Sayer 2015)。

这一系列后果源于改变高碳排放社会的需要,因为如克莱恩所说,气候变化“改变一切”(2014)。这不是像绿色发展这样的做法所能改变的。人们打算将未来的温度增长控制在 2℃以内,这意味着美国和欧盟国家需要减少 80%的碳排放。这样的目标不是“发展”能实现的——它确实意味着不能“一切照旧”。在克莱恩看来,现在需要的是发展的对立面——“有序的去增长”,每年减少温室气体排放 8%—10%(Klein 2014:21)。此外,国际能源机构首席经济学家认为留给人们去改变的时间已经非常少了,人类社会正走向本书第 3 章里探讨的灾难性未来(Klein 2014:23—4)。

因此,气候变化问题涉及多种不同的可能未来前景、系统依赖以及棘手问题，未来世界的预测依赖于即将发生的事件和进程，以及人类和人类社会长远的和大范围的转变，未来将致力于扭转“世界油轮”无限增长的趋势，使其朝着系统性去增长的方向前进。本章将探讨未来预测中气候变化表现出来的这些关键问题。

下一节将阐述“温度上升”问题以及导致其上升的相关变化。其后的章节将讨论能否通过研究不同的未来气候情景改变这些发展进程，包括去增长是否可能。

温度上升

温室效应指的是有记录表明的温室气体尤其是二氧化碳排放增加并长期保留在地球大气中。随后，温室气体又吸收太阳射线（Stern 2007；https://www.ipcc.ch/report/ar5）。这种温室效应使陆上和海洋温度上升。从 1880 年到 2012 年，地球平均温度上升了 0.85℃。温室气体排放的进一步增加将导致温度的进一步上升，从而激发“全球变暖”的进程（参见 www.nasa.gov/topics/earth/features/climate_by_any_other_name.html）。

“全球气候变化”的出现令人吃惊，因为人们实际感受到、观察到的是短时的天气。然而，“天气”逐渐固化为“气候”，变得更加合规稳定，并有数据体现（Szerszynski 2010）。随后出现了基于大气、气压、湿度等概念的测量学。通常，人们认为气候是稳定的，当然不会多变易变，每个地区的气候都与当地的地质和社会密切相关。与相对稳定的气候相关的传统文本中都很少记录人类及其活动。

但在过去的三四十年间，“当代科学”认定气候实际是处于变化之中，并且将继续变化，人类活动在一定程度上造成了这一变化。这一范式转移需要一系列非同寻常的理论和行动干预。在联合国政府间气候变化专门委员会的组织下,“气候科学”得以集合和发展,全球变暖以及其他气候特征被看作全球政治策略和全世界外交紧密合作的应对目标。

然而气候变化也并不一定能决定人们如何构建环境,它也并没有成为全世界关注的头号问题。《寂静的春天》(*Silent Spring*)是现代环境保护主义的奠基之作,该书关注的是另一个环境问题,批判的是 DDT 等合成杀虫剂对环境和健康的危害(Carson 1962)。在过去的半个世纪里,许多饱受争议的、受到威胁的“自然”问题力求获得人们的关注,包括被指认为各种癌症起因的核能问题(Macnaghten,Urry 1998)。

科学全球化正初露锋芒,一个最明显的例子是发现臭氧层产生空洞,气雾喷雾器和冰箱中使用的含氯氟烃被认为是导致空洞的元凶。在《蒙特利尔议定书》签订之后,从 1987 年起,含氯氟烃的生产受到严格控制,1996 年逐渐停产。这一意义重大的全球合作和政策制定极大地延缓了臭氧层的消失,尽管最终修复臭氧层还需要几代人的努力。

相比之下,气候变化是一个棘手问题。丁铎尔(Tyndall)于 1859 年发现二氧化碳吸热。20 世纪初,阿伦尼乌斯(Arrhenius)指出燃烧化石燃料会引起“温室效应”并改变全球气候。但直到 1979 年才有四位著名科学家就可能出现的全球变暖发出警告,人类引起的或者人类活动引起的气候变化这才得到关注并进入科学研究领域。1988 年是极端温度创纪录的一年,这一年联合国环境规划署建立了政府间气候变化专门委员会,千万名科学家得以开始研究温室气体排放和气候变化之间的联系。著名气候学家詹姆斯·汉森(James Hansen)在具有里程碑意义的美国国会听证会上宣告人类活动引起的全球变暖真的已经开始了(Klein 2014:73—4)。而同样在1988年,玛格丽特·撒切尔夫人在英国皇家学会的演讲进一步深化了人们在政策和政治上对于人类活动改变未来气候这一问题的关注。撒切尔夫人指出全球系统正经受大规模的"考验"(参见 Gore 2013:ch. 6)。

联合国政府间气候变化专门委员会组织全世界上万名科学家开展研究,改变了学术的、公共的和政策的讨论。通过这种方式对"科学力量"进行管理,使全世界的科学家能够行动起来专注于未来的全球气候变化。人们越来越意识到这一危机是全球性的,紧急的,而且也许是可以解决的。但同时一些能源公司和汽车制造商建立了全球气候联盟,反对针对气候变化的行动,并在政府内、媒体和后来的新媒体上传播气候变化怀疑论。对气候变化理论的反对主要集中于两个问题,即促进"自由贸易"和愈来愈严密的国际劳动分工(参见 Demeritt 2006)。克莱恩认为贸易问题是理解自20世纪80年代起气候干预行动是如何被叫停的关键。她描述了"自由贸易时代对环境的破坏"以及与之并存的肆意追求经济增长的行为(Klein 2014:85—6)。

于是,关于气候变化和未来前景就有了争议。从气候变化研究和政策声明中大致可以看到三种态度或者论调(Dayrell, Urry 2015;Demeritt 2006;Hulme 2009)。

第一种论调是渐进主义,联合国政府间气候变化专门委员会的报告清晰地表达了这种观点。持有此观点的人们认为气候正处于变化之中,人类活动是产生这些变化的主要原因,变化相对缓慢,通过恰当的刺激可以引导个人和社会转变其未来行为(Stern 2007)。渐进主义还设想通过新技术提供产生低碳能源的新方法,从而最终解决问题。除了联合国政府间气候变化专门委员会这个机构外，在科学界、媒体领域（包括诺贝尔奖）以及许多政策制定领域内形成了一个巨大的气候政治和政策圈，许多世界性大机构都签名认同“可持续性”和国际大规模合作。人们认为未来气候变化问题能够通过较小的代价得到解决，尤其是当人们现在就行动起来做出改变，而不是留到几十年后，那时人们的选择可能比现在要少得多（新兴技术中心 2013）。

第二种立场是怀疑主义（参见 Moran 2015）。持这一立场的人质疑有关气候变化的科学观点，特别是当对未来几十年的温度变化预测有不确定性的时候。他们说有太多“未知的未知”。此外，气候在过去也发生了变化，变化不是由人类活动而是由“自然过程”引起的，例如太阳黑子活动。怀疑论批评社会科学在此领域里的作用。一些怀疑论者认为气候变化的论述是科学研究和媒体既有利益驱动的结果（Montford 2010；参见 Demeritt 2006）。另有一些怀疑论者提出气候变化实际是有益的，即使没有气候变化，各种人口迁移也在发生。总的来说，新自由主义认为竞争性市场将解决环境问题；针对气候变化的干预性行为会导致反竞争的集权式政策和政治上的走私（更多细节内情参见 Gore 2013：318—28）。政治学家隆伯格（Lomborg）提出了不同的论点，认为比起解决其他世界性问题的花费，气候变化问题耗资巨大，难以说服众人相信去碳化是值得的（2001）。

自成一套思想和行动体系的怀疑主义力量壮大，尤其是在过去十年中的美国，也就是从 2007 年左右起，正是人们对于气候变化的关注达到顶峰的时候（Klein 2014）。这种怀疑主义源自所谓“贩卖怀疑的商人”，尤其是那些从业于互联网、博客圈以及智库并热衷于维持“一切照旧”（Oreskes，Conway 2010）的人。许多气候怀疑论机构认为对于未来气候科学家们都很不确定，尽管实际上约97%的气候学家认同人类活动引起气候变化的相关论点(Klein 2014:31)。

灾变论对前两种立场都持批评态度。它吸取了第一种观点中有关气候变化的现实,采纳了第二种观点所说的科学的不确定性和局限性,并将二者放到"复杂系统"框架内,强调非线性、临界点以及急剧和突然的变化。里亚尔(Rial)及其同事记述地球气候系统"是高度非线性的:输入和输出不成比例,变化常常是散乱而且突如其来的,而非缓慢而渐进的,多重平衡是常态"(2004:11)。到目前为止,联合国政府间气候变化专门委员会尚未建立所有可能的反馈效应。因此,关于海平面变化的保守预测忽略了未来的不确定性,尤其是冰层的融化,气候变化怀疑论者得以依据这一预测宣称这些变化可以通过系统调整来应对,不必像汉森等灾变论者所说的那样需要整体改变系统(2011)。灾变论者驳斥了绿色或者可持续行动能够轻易地以较小的花费解决气候问题这一观点,认为只有大规模的结构性改变才能以强有力的方式处理这些问题(论述见 Klein 2014)。

那么科学证据主要说明了什么问题?联合国政府间气候变化专门委员会提出到2007年为止,温室气体增加导致的全球气候变暖是"确凿无疑的"。该委员会的报告表明现在二氧化碳浓度已经超出了科学家认定的过去65万年里的自然范围(IPCC 2007)。科学结论认为这种不断增加的高排放水平一定是"非自然"的人类活动造成的。图1所示是1957年建于夏威夷的莫纳罗亚气象台所做的为时最长的碳排放观测结果,由此可见排放的增加量。到2015年4月,二氧化碳浓度首次超过了400 ppm(1 ppm = 百万分之一),表现为一条明显的挺直向上的轨线(www.theguardian.com/environment/2015/may/06/global-carbon-dioxide-levels-break-

400ppm-milestone)。值得注意的是中国的二氧化碳排放已经超过了美国和欧盟的总和，尽管这些排放中有近 1/6 是为生产供中国以外地区消费的产品而产生的，即第 7 章里提到的离岸排放(www.exeter.ac.uk/news/research/title_412769_en.html)。

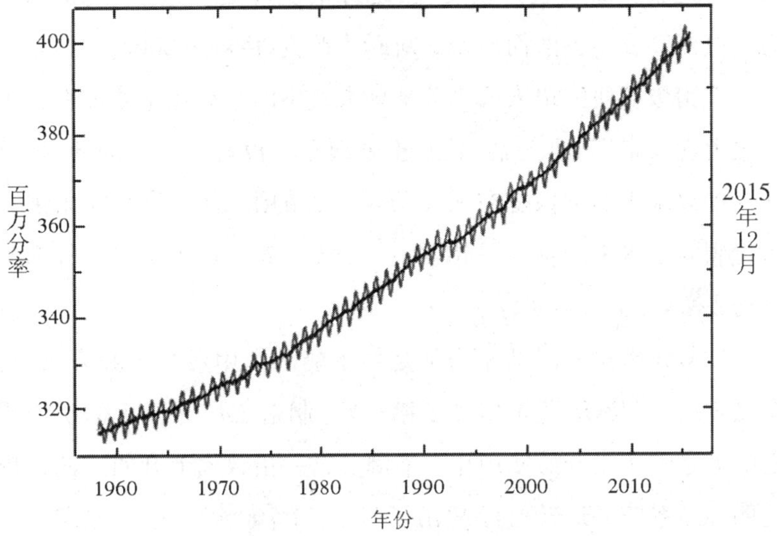

图 1　莫纳罗亚气象台观测到的大气碳排放量

在过去的二到三个世纪里，排放到大气中的二氧化碳有 2 万亿吨，并且将保留几百年(Berners-Lee，Clark 2013：26)。从 1850 年至今，二氧化碳的排放呈指数式增长(Berners-Lee，Clark 2013：12)。全世界的气候系统正在发生变化，而人类活动是重要影响因素。

研究还表明在过去几千年里二氧化碳水平和气温是同时变化的，说明两者之间存在紧密的联系。此外，艾雷(Alley)认为如今的气候变化忽上忽下，而非相对稳定的气候，“跳跃式变化的气候已经成为常态，而非特例”(引自 Clark 2010：1)。这一模式来自对深度约 2 英里的冰芯的研究，气候学家据此认识到“成熟的范式变化”的存在(Linden 2007:227)。艾雷指出在上一个冰川时代和随后的后冰川时代之间全球变暖,气温增加了大约9℃,其中一半都发生在最近的十年里。地球的气候似乎有两种状态:一种是冰期,另一种是相对温暖的间冰期,两者之间没有一个渐进的过渡期。这一研究表明面对碳排放变化,地球的反应是所谓的“速度与暴力”,气候会发生突然而急剧的跳跃式改变(Pearce 2007)。

在南极的研究也表明当前地球大气中的二氧化碳浓度在人类历史上前所未有,而气温42万年来却几乎没有变化。因此,那种认为如果未来温度保持在人类所经历过的限度内,就存在未来二氧化碳安全水平的观点是错误的。此外,全球有些地方的气温上升得更多,尤其在两极。

二氧化碳排放的迅速增加是由于能源使用量的不断升级,最早是18世纪晚期,英国出现了第一家“制造工厂”(位于伯明翰附近的苏豪),于是开始使用化石能源。这一指数式上升曲线的再现表明地球系统的运转已经超出了过去11 700年中相对稳定的全新世的自然变化的模式,而这种模式开始于上个冰川时代的末期,曾为人类的农业、城镇和工业发展提供了稳定的条件。

但是现在有人提出地球系统已经进入了一个新的地质时代——人类世,诺贝尔奖获得者保罗·克鲁岑(Paul Crutzen)于2000年提出了这一术语(N. Clark 2011; http://quaternary.stratigraphy.org/workinggroups/anthropocene)。这个新的地质时期开始于18世纪后半叶,人类活动开始在世界范围内产生作用。人类活动被看作“自然伟力”的组成部分。设定人类世的存在就是认为地球运动进程并不是一致的或平均的。

大约在1900年,第一个石油和天然气田被发现,除了煤炭以外,人类开始使用石油和天然气,地球发展的主要模式就是化石燃料使用呈指数式增长(Berners-Lee, Clark 2013)。麦克尼尔(McNeill)说:"我们在 1900 年后使用的能源已经超过了 1900 年前人类历史上所用能源的总和。"(www. theglobalist. com/StoryId.aspx?StoryId=2018)另外,大约从 1950 年起,能源使用增长的速度有了进一步的攀升,即所谓的(全世界化石燃料的广泛使用)"大加速"。图 2 所示为二氧化碳排放呈指数式增长。

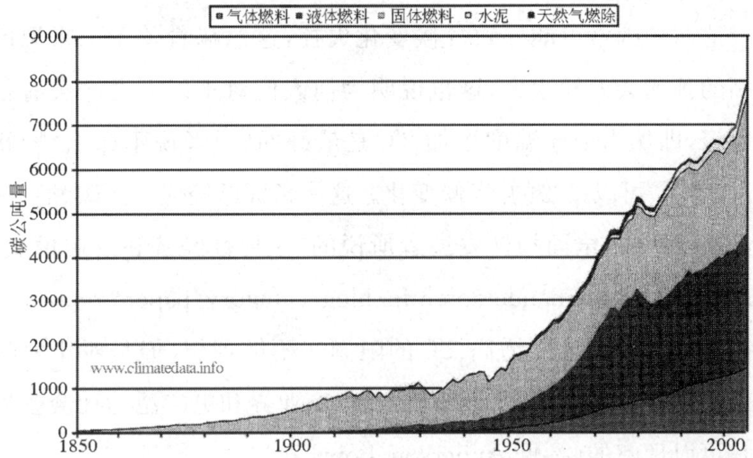

图 2　全世界各种能耗产生的二氧化碳量

伯纳斯-李(Berners-Lee)和克拉克因此总结道:"碳循环不断急剧上升的特征完全符合社会对能源的使用受制于一个强大的正反馈机制这一观点。"(2013:13)导致这种变化速度的各种反馈机制的能量惊人。再经过 20 世纪 50 年代后的两个世代,社会转化成了世界规模的地质力。如下文所述,全球经济和社会系统变化直接导致了地球系统的重大改变。

21 世纪的大多数科学家和分析家认为大规模的破坏发生在过去 30 年里大量燃烧化石燃料之后,尤其是"大加速"之后。据预测,温室气体排放和世界温度将在未来几年里通过各种正反馈大幅上升。早在1990年，人们就认为存在16种反馈，其中13种是正反馈，带动系统偏离平衡(Wynne 2010)。最重要的一些反馈与覆盖格陵兰岛和南极各地的三块大冰盖有关。它们面积巨大，积冰深度约2英里。此外，在西伯利亚的永久冻土里存储着大量的重要温室气体甲烷，这些气体看起来将要爆炸和泄漏，这就是所谓的“甲烷末日”(www.newscientist.com/article/mg22630221.300-methane-apocalypse-defusing-the-arctics-time-bomb.html)。

这四种因素可能导致气候变化失控，这意味着关于未来温度升高的预测会差异很大，这也说明为何人们对于以下说法会有很大争议，即认为全球温度增加2℃是最好的(或者说不那么糟)指标，代表了“可以接受的”气候变化。这一指标已经代入到碳预算体系，该体系要求全面扭转安德森所说的“主导性经济和发展模式”(参见 http://kevinanderson.info/blog/category/papers-reports)。安德森认为尽管温度增高2℃的限制还不够理想，但是对于科学家来说是有意义的，对于政策制定者、商业界和更广泛的社会各界也是可以理解的(参见 Anderson，Bows 2011)。

与正确决策有关的一个问题是“气候”变化既不是一个单纯的“起因”，也不是单纯的一系列“后果”。如我们所见，气候变化含有多种因素，包括北极温度上升、冰山面积缩小、冰帽和冰川融化、永久冻土减少、降雨变化、生物多样性减少、新的风场模式、干旱、沙尘暴和热浪袭击增多，以及热带旋风和其他极端天气更加密集地出现。罗克斯特伦(Rockström)及其同事们指出地球有九个环境安全界限。跨越一个或多个界限将导致非线性的环境突变(www.stockholmresilience.org/21/research/research-news/1-15-2015-planetary-boundaries-2.0-new-and-improved.html)。罗克斯特伦及其同事们估计当代社会已经越界了四个：气候变化、生物圈系统完整性的缺失、陆地系统改变以及生物地球化学循环的改变。此外，这些全球界限本来是相互依存的，所以任一越界都会带来其他界限的连锁反应。

总的来说，如果全球二氧化碳排放更进一步超过1.2万亿吨，那么现在认为的“安全”限度将被打破。这一未来的碳预算必须得到执行，这样才能有66%的机会确保全球变暖控制在平均温度上升2℃的限度内（参见 www.exeter.ac.uk/news/research/title_412769_en.html）。但是人类社会已经燃烧了全球预算总量的2/3。按照现在燃烧化石燃料产生二氧化碳排放的速度，这个1.2万亿吨的额度大约会在30年内用完。因此，打破这个安全的2℃限度只剩一代人了。为了避免这个结局，有人提出目前化石燃料的一半以上应该不再使用，而应封存在地下（Carbon Tracker 2013）。还有一个有关公平的大问题，即在全世界超过70亿的人口中，如何分配正在缩减中的全球碳排放额度，尤其是如何处理当今社会中贫富悬殊的差距正在明显拉大的问题（Piketty 2014；Sayer 2015）。

因此，如果“一切照旧”，高碳系统排放量没有大量减少，温室气体排放储存在本世纪末将达到现有的三倍。据说有20%的可能到2100年温度将上升5℃（Stern 2007：3）。美国五角大楼认为气候变化将带来“全球性灾难”，在战争和自然灾难中夺走上百万人的生命（美国国家情报委员会 2008）。早在2000年，世界卫生组织就统计出每年气候变化造成15万人死亡，该组织预计这一数字将在未来几十年里增加到25万（www.who.int/mediacentre/factsheets/fs266/en）。

这些气候变化带来的后果是全球性的，但更集中在全球南方国家。它们还是跨越代际的，而且女性较之男性更多地受到气候变化的危害。孟加拉国位于低洼的恒河流域，尽管它自身产生的碳排放很少（世界总量的0.3%），却是受到气候变化危害最大的国家。这种世界性的关联是所谓的"气候灭绝"的一部分，在集中了气候变化危害的贫穷的南方国家，几百万人被迫外迁（Timmons Roberts，Parks 2007）。

气候变化对沿海水域的影响尤其严重，水平面上升速度比世界平均值快10倍。其影响是海平面大幅上升，大部分居民被迫生活在只有海拔几英尺的陆地上（www.nytimes.com/2014/03/29/world/asia/facing-rising-seas-bangladesh-confronts-the-consequences-of-climate-change.html）。世界人口大约有一半居住在距海15英里的范围内，其主要的基础设施位于海平面以下，例如荷兰阿姆斯特丹的史基浦机场，也已因此受到海平面上升的影响（Gore 2013：297—8）。

我们已经看到气候变化对于食品安全、水资源匮乏、海平面上升、生物多样性丧失、洪水、干旱和热浪、新的疾病以及被迫因"气候变化"移民等方面的不同影响。特别受到这些影响的是居住在所谓环绕地球的"混乱回归线"圈内的人们。气候变化产生了一批流离失所的劳动力"后备军"，这些人被迫移民，并去协助建设新的超高碳生活居住地（Parenti 2011）。许多人逃离河水漫溢的恒河流域，来到像迪拜这样的地方，本章下文将会提到，这些地方是超高碳生活模式的代表，它们导致了孟加拉国等地的气候变化。因此，这里出现了一个强大的循环，正反馈将这些受到气候变化影响的地方联系起来了。

全球经济中，真正了解气候发展进程影响范围的是世界保险业。保险业的许多报告显示了与气候相关事件的规模、影响以及越来越大的代价，例如2012年纽约和新泽西的飓风桑迪带来了

650亿美元的损失(www.usatoday.com/story/weather/2013/01/24/global-disaster-report-sandy-drought/1862201)。全世界保险损失骤然上升,主要原因是极端天气。从20世纪70年代起,极端天气事件每年增加大约10%。瑞士再保险公司估计自20世纪80年代以来因极端天气造成的保险损失增加了5倍(Klein 2014:107)。乐施会(Oxfam[①])的报告指出虽然地震次数相对稳定,但是洪水和暴风雨的发生却几乎增长了三倍。世界最大的再保险公司慕尼黑再保险公司得出了权威结论:"与天气相关的灾害数量增加只能归咎于气候变化。全球变暖导致极端天气更加频繁和严重的观点与当前的科学发现是一致的……此外,这种风险还在稳步增加,因为气候变化潜藏着暴雨风险,同时在某些地区干旱的可能性增大。"(www.munichre.com/en/group/focus/climate_change/current/flooding_in_china/default.aspx)弗兰纳里(Flannery)推测说与气候相关的保险理赔增长速度如此之快"意味着2065年或者此后不久,气候变化造成的损失可能与人类整整一年的生产总值持平"(2007:235)。

有许多关于未来气候的预测,例如2050年的气候情景预测,但预测哪一种可能性更大是极为困难的(参见著作中的情景描述Urry 2011)。一部分原因是最终结果取决于未来还会发生什么,别的地方发生了什么,以及不同空间和时间发生的事件之间的互相作用。预测"未来"会发生什么意外大事件是有必要的,波里特的小说《我们创造的世界》(2013)描绘了这些事件。书中描绘的事件包括因水资源短缺引起的骚乱、石油峰值、网络恐怖主义、飓风、洪水淹没、大饥荒、肉类生产峰值以及大规模抗议活动。其中一些

① Oxford Committee for Famine Relief。——译者注

事件属于完全未知的世界。另一些则是已知会发生，但未知何时何地会发生或在发展过程中会与其他事件发生怎样的联系。

金融与消费主义

本章前一部分探讨了一系列由碳排放增加引起的棘手问题，高碳排放导致气温升高，在全新世建立的人类、动物和植物生存模式难以为继。斯泰恩(Stern)认为“气候变化是最重要的、涉及范围最广的市场失灵”(2007:i)。基于化石燃料能源的世界资本主义造成了巨大的“外部不经济”，正如吉登斯(Giddens)所说，各大系统之间产生了适应性的演化关系，如同一个庞然大物全速冲向悬崖边缘(1990，2009；Klein 2014)。地球状况已经改变，尤其是1950年以后，人类的生产和消费结构驱动着地球的重要系统运行(参见 Urry 2011)。随着几乎没有上限的能源使用量增加，社会群体间的不平等和利益分歧更加严重。这种现象在许多产油国更是走向极端。一边是富人拥有巨额财富并炫富，另一边是贫困的工人因“家乡”气温上升带来的恶果而背井离乡。

为了说明人类活动与气候变化的关系以及当代资本主义的本质，我将描述一个城市的特征，在过去大约半个世纪里它飞速发展，通过“大加速”变成了一个超高碳城市(取材于 Urry 2013b)。大约在1960年之前，迪拜是世界最贫穷的地方之一。它由数个泥泞的海边小村庄组成，旁边就是广袤的荒无人烟的沙漠，几乎不见河流。直到1971年，它才获得独立，成为阿拉伯联合酋长国的一部分，但从那以后就飞速发展起来。到21世纪初，它已经成为世界最大的建筑工地，也是世界上游客最多的八大城市之一。这座“黄金之城”位于荒凉土地上最荒凉角落，它的崛起展示了一条通往全新未来的发展之路。迪拜成为一个重要的中心，全世界的资本、现金、人流、文化和信息在这里停留，交汇。

这个曾经的英国保护国于 1966 年开始开采石油，这时正是全球发现石油的巅峰期。然而，不同于许多周边地区，迪拜的石油产出高峰出现在 1991 年(Krane 2010;Urry 2013b)。在此之前，来自外地的石油被用来建设岛屿，建造酒店和旅游胜地；建设交通设施，尤其是它的现代化机场(包括一个世界最大的国际机场和另一个在建机场)以及世界领先的航空公司阿联酋航空，因此引来大批的游客、会议代表团、建筑工人和性工作者；发展进口，尤其是通过世界最大的人工港口，大量食品和货物得以进口并在 70 个购物中心销售，其中包括世界最大的购物中心(www.thedubaimall.com/en/Index.aspx)；建设一个运输中心，并成为世界十大集装箱码头之一；通过建造碳基脱盐处理厂产生了世界最高的耗水率；在平均温度 40℃的地方，大量使用能源，通过温度控制提供恒温。

迪拜在努力建设一个技术推动的快速发展的未来，尽管当地社会是一个宗教集权父系社会。未来主义体现在它的建筑环境之中而不是社会内部。"未来派"的设施包括一个"未来博物馆"(https://www.youtube.com/watch?v=9Wx0Lfyjmf0)、两个将海岸线延伸了长达 75 英里的棕榈岛、一个穹顶滑雪场和许多重要的体育场馆、世界最高大楼(令人震撼的高达 2 717 英尺的哈利法塔)、世界最大酒店(拥有 6 500 个房间的亚洲酒店)、世界第一家七星酒店(拥有 100 英里全景视野的阿拉伯塔酒店)、曾经在门口举办了世界最大派对的亚特兰蒂斯酒店以及最大的度假酒店(拥有四座高楼，能容纳约 15 000 人的朱美拉海滩度假胜地酒店)(www.burj-al-arab.com; Davidson 2008; Krane 2010; Schmid 2009)。

迪拜努力营造极致的视觉和环境效果，成为一个拥有并服务于消费、购物、餐饮、博彩和色情业的城市。克兰(Krane)这样概括迪拜的矛盾特征："这里是世界最荒凉的地方，也没有任何历史古迹，却有出手阔绰的游客飞越半个地球来到这里游览。"(2010：117)这是一座纯增速发展的城市，一个自由企业的"乐土"，没有所得税、公司税，也没有工会、规划法、反对派或者选举。城市的居民、公司和游客都借贷了巨额资金才能大规模地建设和消费未来。迪拜的未来不仅是建设在沙漠之上，也建设在债务之上。

在过去几十年里，迪拜和世界上大部分地方经济的中心问题是"金融化"与"实体经济"之间的失衡越来越严重。这将进一步阻碍有效应对气候变化政策的制定。一个全面"金融化"的世界经济，对获得建设低碳未来的动力来说，是一个很严峻的问题。到2010年，外币年交易总值是955万亿美元，是世界GDP总值(63万亿美元：www.spiegel.de/international/business/out-of-control-the-destructive-power-of-the-financial-markets-a-781590.html)的15倍多。这种金融流通方式造成了"金融市场独裁"，收入和权益都通过重新分配从"实体经济"转移到了"赌场资本主义"(Latouche 2009；Sayer 2015)。经济从机构生产产品、提供服务转向主要参与金融流通或中介得到了重新构建。

计算机化的高频交易带来一种未来消失感。事件发生得很快，在你想到之前就发生了，金钱和信息流动也超出了人脑的理解(Lewis 2015)。在这样一个加速发展的世界，金融未来在相关当事人弄明白之前就已经到来(Gore 2013：16—17)。金融中介大多由金融精英承担(Savage，Williams 2008)。这种模式是与小型公司经济发展利益相悖的，这些小型公司创新和制造新产品，推出新服务，尤其是那些面向低碳经济和社会的新产品和新服务。

此外，金融中介（以及相关计算机网络）还掏空了大工业企业的所有权，所有权属于关注短期“股东价值”的金融机构，这个短期可能短到只有一秒钟。上文我们说到大型工业企业已经过时，自20世纪90年代中期以来在美国的数量已经缩减一半（Davis 2012）。桑内特等人痛心于人们对于工作单位长期服务精神的消失，而这种消失正是由这一短期价值带来并普及的（1998）。在有些极端情况下，合同期没有时间规定，即英国的“零工时合约”。在此合约下，双方都没有约束，这其实是一个矛盾，因为不断壮大的“不稳定无产者”阶层中的许多雇员都是为顾客提供服务、创造“品牌”的一线员工。

盖伊·斯坦丁（Guy Standing）描述了“不稳定无产者”具有短期特征的未来，这一阶层在全世界劳动人口中的比例有很大的增长（2014）。网络化工作模式有将每个人都推入“不稳定”的趋势，致使他们缺乏长期技能和投入，甚至包括那些设计和运行数字系统的人，这些数字系统是金融中介和网络/APP经济的基础。特纳论述了作为反传统文化一部分的数字乌托邦是如何走向它的对立面的，并最终变成了以生活和工作的临时性与不稳定为特征的反乌托邦（2006：258—62；Srnicek，Williams 2015）。

当代资本主义已经转化为不征税的、无政府的、失控的金融资本主义。金融规模庞大，运作方式如同赌博。它快速发展，在工业经济和物理环境中都占据了主导地位，这加剧了大多数国家经济、社会和财富的不平等（Floyd，Slaughter 2014）。尤其重要的是离岸外包的多种形式（Urry 2014a）：资源、交易、人和金钱从一个国家转移到另一外包的领域里，社会群体之间及其内部建立了动态重组的经济、社会、政治和物质联系，其资源、交易、人和金钱都处于不公开状态（Urry 2014a：1）。世界上六七十个避税港流动的金钱和财富增长惊人，接近当前社会财富的1/3(Shaxson 2012)。避税港的特征是低税、财富管理较松、没有管制和信息不公开，自20世纪70年代起，由于兑换和相关管制的撤除，避税港已经完全成为世界经济的核心。

几乎所有大公司都拥有离岸账户/子公司；一半以上的国际贸易通过它们进行；几乎所有持有高净值资产的个人都拥有离岸账户，他们因此可以进行税收“规划”；欧洲最大的100个公司中，99家拥有离岸子公司。总值相当于世界所有财富的1/4至1/3都处于“离岸状态”(Urry 2014a:ch.4)。金融、流通和债务中具有核心重要性的是私募股权收购(Appelbaum，Batt 2014)。相关私募股权公司支撑的是购买一个公司或者部分公司股权所需的少部分费用。其余的则来自机构投资者或者借用未来公司资产作为抵押。一旦一个上市公司被收购，它就转为私有，大都变得不再公开。对于私募股权公司行为的约束要少得多，部分原因是其所有者被看成了投资者而非雇主。大多数私募基金都能够规避监管。而这些公司更有可能降低就业水平，发展更为缓慢，更容易破产，而且不大可能同意实施低碳理念。

因此，离岸模式是世界运行的方式，与低碳公司和非政府组织利益背道而驰。金钱保持在岸几乎是特例，只适用于还在交税的“小人物”。大多数大额金钱都处于离岸状态。每年税收的流失是几千亿美元。总的来说，大公司利用复杂的计算机系统推出了离岸模式，这种模式对它们有利。离岸环境使得创新小公司的竞争很艰难，即使它们蓬勃发展起来了，随后也会成为跨国大公司层级体制的一部分，其收入也将部分进入离岸模式。离岸模式系统地削弱了地方小公司，它们根本没有与拥有许多离岸账户(高盛公司有超过4 000个)的大型离岸公司公平竞争的环境(Urry 2014a:1—2)。

因此，离岸模式使得低碳社会难以实现（关于此论点的一个分析参见 Sayer 2015：part 5）。抛弃高能模式走向低碳未来需要全世界的人互相利益依赖，尤其是当代人类对于未来世代的责任，包括尚未出生的世代。许多全球性文件提出需要公众或社会有这种利益共同感，例如《联合国教科文组织关于当代人对后代人责任的宣言》（*UNESCO Declaration on the Responsibilities of the Present Generations Towards Future Generations*，1997 年 11 月 12 日）。

我们还应该思考一下兰克福德（Lankford）对于权益共享的分析（2013）。他提出的问题是：如果资源的合理利用通过低碳计划得到了很大提升，那么谁将受益？如果人类减少化石燃料消耗或者提高材料效率或者减少浪费，可不可以确定那些提高效率的社区目前或者未来会最终得益？意识到这一点是一个巨大的挑战。而在世界许多地方，金融负债将这种权益共享和社会责任摧垮了。它们才是将人、国家和公司联系起来承担义务的关键。金融债务和潜在税收收入的大规模离岸模式导致无人在意社会责任。公共支出和强烈的公共利益意识对于规划和统筹安排能源高效利用的低碳模式是必要的。但是由于休闲、工作、征税、废料、二氧化碳排放、金融都已经金融化并离岸化，这一切变得尤其艰难（Urry 2014a）。

如克莱恩所说，气候变化改变一切，所以必须建立另一个社会物质系统体系来实现“去增长”，而不是继续增长。除非发展方向发生巨大的转变，找到倒车挡，否则地球系统将继续朝着不可抑制的全球变暖方向前进。这不仅仅是某些特定系统及其相关体系的问题，而是一种社会内部情感结构长期而广泛的改变（参见本书第 3 章）。这种改变将使世界大变样，尽管目前还没有机构策划或者预见这一变化，甚至都没有注意到它。

20 世纪 30 年代的世界经济大萧条期间及之后产生了一个长期的情感结构。凯恩斯认为经济制度不会自己纠正失业和经济萧条，这一观点对于欧洲和北美非常重要(1936)。经济本身并不能恢复平衡。凯恩斯推崇反周期税收国家支出、国家计划体系、把国家集体利益和个人以及公司的个体利益区别开来。从 20 世纪 30 年代到 70 年代，凯恩斯情感结构占据主导地位，认为国家有能力而且必须矫正市场缺陷。曾经有很长一段时间讨论的中心是这一有力的论述及其一系列相关做法，包括认为在追求社会或者国家利益过程中国家应该干预。

然而，早在 1947 年，在弗雷德里希·哈耶克的授意下，一位资深瑞士银行高管召集多位学者在靠近日内瓦的佩勒林山开了一个秘密会议(参见《通向奴役之路》[*The Road to Serfdom*]，1944)。这个佩勒林山会议由瑞士银行资助，成为全球反击凯恩斯支持国家干预观点的中坚力量。他们此后又举行了几次秘密会议试图扭转凯恩斯主义思想(Stedman Jones 2012：ch.2)。其中一位参会者是米尔顿·弗里德曼(Milton Friedman)，他对新自由主义的建立起到了关键作用，自 20 世纪 70 年代晚期起，新自由主义在全世界越来越受欢迎(Klein 2007)。

各跨国组织机构都参与其中，为新自由主义创造经济、社会和政治条件，通常是不公开的(Carroll 2010；Klein 2007；Stedman Jones 2012)。私营企业、私有产权、自由市场以及贸易自由的重要性得到重申并在 1980 年后得以实现。部分由于里根和撒切尔等标志性人物的影响，新自由主义成为经济和社会政策及实践中具有主导地位的世界性正统思想，认为“自由市场”应该是一个真正发挥支配作用的新情感结构。在过去的几十年里，这个“情感结构”还通过平面媒体、电视、互联网和社交媒体得到极大的强化。这种资本主义以及商品和服务消费需求的“释放”推动了本章上文提到的二氧化碳排放大加速，并且导致很难撼动“一切照旧”政策所带来的追求“经济增长”的话语权。

当今世界风靡的消费主义或者“消费文化”是关键。人们购买、使用大型能源密集型工厂、办公室、商店和娱乐场所提供的消费品和服务，并将其转化为象征性资本，从而确立自己的社会形象。重要的是人们的习惯性购买，对于商品和服务实际的以及具有象征意义的使用，尤其是消费品组合成相对稳定的品牌的方式(Elliott，Urry 2010；Klein 2000)。此外，这些消费品和服务又被人们用来塑造和重塑自我形象。电视节目参与了商品、服务、居家、汽车、自我、人际关系以及身体的“装饰改造”(参见 Elliot 2013，关于“再创造”)。这些是通过在各种活动中使用商品和服务来展示的。像就餐、超市购物、每天沐浴、打网球或者度假等社会活动构成了我们的生活并使之持续下去。它们是动态进行中的，活动进行者在活动中养成了习惯。这些活动常常集中在某些高能耗的地区，例如迪拜。其实，对于许多此类活动来说，在消费主义全球秩序内的关键节点间快速移动才是最重要的。

去增长

挑战这些根深蒂固的经济和社会模式是非常困难的。尽管在本世纪初人们广泛关注气候变化，但几乎没有上规模的有效政策扭转高碳模式(Berners-Lee，Clark 2013；参见 Dayrell，Urry 2015)。迪拜的案例展现了金融泡沫如何通过广泛宣扬诱人的高碳生活助推化石燃料使用的增加。

然而，有可能出现一种资本主义的新模式，它是一个既不同于国家主义又不同于新自由主义或者非组织化资本主义的新情感结构。西尔弗(Silver)和阿瑞吉(Arrighi)认为需要走“一条不同于资本主义发展所采用的能源密集型西方模式的道路”，他们警告说如果不这样，将会出现一段“长期的全面的混乱时期”(2011：68；参见本书第3章)。

这一新的未来前景越来越多地被称为“去增长”，涉及采取各种社会措施以便在世界范围内有效抑制碳排放强度(Latouche 2009)。此处的创新在于改变对化石燃料能源的“需求”，而不是用其他能源替代化石燃料(参见 www.demand.ac.uk)。这样的未来预测思路来源于环境保护主义者、科学家、非政府组织以及智库的理论和实践创新。这种创新大多是“见缝插针式”的，切入占主导地位的权利系统的空间和裂缝里，尤其是碳资本主义(Wright 2010：322；参见 Kirby 2013)。

这一资本主义新模式仿佛是由散落在世界各地的小岛组成的群岛，小岛坐落的位置常常是人们不可能想到的地方。在许多地方这样的小岛已经浮出水面，但是相互之间联系较少。这些岛屿构成了一个新兴的“低碳公民社会”，依托于成千上万的实验、群体、网络、原型、实验室、科学家、大学、设计师以及社会活动家(参见 Thackara 2015)。全世界后碳时代的举措应该建立新的联系，许多措施是通过包括 App 经济在内的新数字领域发展得以施行的。低碳公民社会是一种社会运动，旨在既限制当前的碳排放，又着手准备并推出各种后碳时代的新模式。

“自然资本主义”理论具有重要地位。它批评资本主义没有能够体现出最大的资本总量的价值——自然资源和生物系统(Hawken，Lovins，Lovins 1999)。20 世纪资本主义将自然成本外化，尤其是能源。因此，20 世纪资本主义燃烧化石能源而不考虑它造成的真正自然成本。前文已经提到，据国际货币基金组织估计，每年全球给使用化石燃料的企业“补贴”达到 5.3 万亿美元（www.scientificamerican.com/article/fossil-fuel-subsidies-cost-5-trillion-annually-and-worsen-pollution）。

“去增长”理念的基本观点是应该建设一个经济加社会模式，重视各种形式的资本。如果经济发展围绕的不是经济和金融概念，而是自然，认为自然不是与经济割裂的并且可以通过短期利润最大化加以改变，那么情况会怎样？（Urry 2011）

随着“去增长”的开展，地方、国家和国际间将长期储藏资源。这需要“有保障的国家”以及适当而且公平的税收。至少在未来几十年里，未来世代的人们和当代人一样重要，未来不会被折现。在所有的资源中，能源很被看重，短期利润最大化绝不会成为政策的中心。金融将以效用为基础，而不是投机，尤其是对未来的投机。对于以长远眼光看待资源、能源和碳排放的国家来说，法规非常重要。

此外，我们知道会发生市场失灵，也许“资源失灵”也会发生，并导致全球危机。危机很严重，需要各国或者强大如国家的组织机构协同合作，采取适当规模的全球行动处理危机。此外，危机的解决办法不仅是经济手段，也是社会措施，涉及货币经济和实体经济，以及短期利润最大化和长期投资。由于金融市场有临界点，其他地方也会有，例如地球气候和油价。

因此，“去增长”包含哪些内容？首先，它涉及各种“隐形财富”的创造和保护，例如良好的社会互动、福利以及低碳生活。像 GDP 这样记录一般经济数据的上升或者下降的数据不能反映这些隐形财富（Gore 2013：142—3，184—5；Halpern 2010；Rifkin

2009：548—9）。GDP指标最早出现在1937年，计算的是一个经济体所有可测算市场交易的总和。它的一个主要问题是GDP是增长的，但它所计量的一些内容并不能有益于个人福利，特别是不利于环境。GDP现在甚至计入了与赌博、色情业和贩毒有关的市场交易！这些计量问题导致人们努力设置其他的衡量宜居社会的标准。新经济基金会提出的"幸福星球指数"就是一个很好的例子，测算数据包括主观幸福感、预期寿命和有限的生态足迹，根据这个指标，哥斯达黎加幸福指数名列前茅（www.happyplanetindex.org/data；参见关于"美好生活"的视频：www.youtube.com/wat ch?v=oGab38pKscw）。

在非常不平等的社会，用这些测量系统测算得出的结果非常糟糕。如果不平等水平很高，许多多余商品和服务实际上被"浪费"了，包括"不必要"的物质产品、需要坐飞机去参加的没有什么成果的会议，并不比国内有意思的出国度假以及室内暖气温度太高，等等（Offner 2006；Shove，Chappells，Lutzenhiser 2009）。此外，这些多余的有形商品和服务能引起无法获得它们的人们的仇恨，让所有人都感觉很糟，幸福感很低。大部分人无法获得的多余产品和服务带来了社会内部整体较低的幸福感。多变成了少，而少却带来了更多的幸福感（Sayer 2015；Wilkinson，Pickett 2009）。

有一些有趣的例子表明如何减少供给，但都是在一些不寻常的情境中。在战争期间，"每个人"都好像在同一条风雨飘摇的船上，大家没有那么不平等了，幸福感反而变强了。例如，在二战期间，英国几乎没有人开车兜风，美国的公共交通使用率翻了一番，在大多数同盟国，自行车的使用和汽车共享有很大的增长，2/5的美国蔬菜是在家庭主妇的"胜利菜园"里种出来的，人们重视用具的循环使用和修理，美国汽车工业在一夜之间变成了坦克和轻型货车的制造商，不再“锁定”个人汽车文化（Klein 2014：16—17，90）。然而，二战后，随着能源使用和消费规模扩大，“大加速”发生之后，社会群体间的利益差异出现了。克莱恩认为，未来“我们将需要回归到我们曾经在 20 世纪 70 年代有过的生活方式，那是在消费水平疯狂高涨的 80 年代之前”（2014：90）。那个时期拥有对大多数人来说非常完美的生活标准——在大部分发达的北方国家，不平等情况较少，幸福感显得更高（Piketty 2014）。

《转型指南》（*The Transition Companion*）等著作中提出的转型城镇计划记录了城镇内部“能源下降”需要经过的阶段。转型运动创始人罗布·霍普金斯（Rob Hopkins）认为这样的创新应该能像病毒一样传播——开源的，自组的，反复的（2011；www.social-life.co）。转型城镇计划起源于托特尼斯镇，现在已经发展成全球性的运动（参见 https://www.transitionnetwork.org/initiatives/map）。“去增长”产生了“转型”理念，小规模城镇系统分化成更加自给自足的社区，互相之间没有严格的区划。减少能源使用需要重新设计自然和社会工程的各方面。这将导致居住密度更大，更可能使用较慢的交通工具，活动范围和规模变得更小（城市内低预算组织案例参见《蜉蝣》[*Ephemera*] 15，2015）。

此外还需要不入网的地方风能、太阳能和水力电能的大幅增长，如果能源是国有的，或者至少是国家计划的，而非离岸公司拥有，那么增长的可能性更大（Klein 2014：ch. 3）。我们已经目睹能源如何成为“巨大的分化者”，伊里奇（Illich）在 20 世纪 70 年代就指出只要设定“能源使用上限就能使社会关系高度平等”（1974：27）。

社会实践“本地化”将成为关键，朋友们都来自临近街区，在家庭结构改变的时代人们不再迁移，远房亲戚不常来拜访。各家之间离得都不远。如前文所述，社会地位需要根据对当地的贡献重新定位。“成功”的本质也要重新设定，强调在“本地生活”中的成就(Peters，Fudge，Jackson 2010；Urry 2013a)。系统间必须有许多改变，需要加强“繁荣发展的能力”，而不只是增加收入(Jackson 2009)。“去增长”包含设计出适合小规模的社会发展空间。

道路不再只是为了供汽车行驶(Reid 2015)。那种由中心向郊区蔓延模式的城市将减少(Ross 2014)。在新的模式下，许多商品和服务都在附近，包括生产、消费、修理，尤其是修理。人、东西、商品和货币的移动距离缩小了。一些经济枢纽作用得到强化和重新定位，例如批发市场和其他本地小型商业，这将提升经济的本地所有权，本地资源和服务的使用更加公平。

约翰·萨卡拉(John Thackara)的著作《如何在新经济模式下繁荣发展》(*How to Thrive in the Next Economy*)给出了许多本地小型的减持了所有权的商业原型、模式和范本，这些商业形式利用并释放他所说的“社会能量”(Thackara 2015：76)。这些措施包括从“土地利用”转变为“土地管理”、采用“水敏感城市设计”、在美国郊区进行道路拆除运动、还原城市的自然状态、发展城市农耕、协同配送系统、无车城市运动、比汽车便宜 50 倍的电动自行车以及沿袭和加强从前人手里继承获得的共有权(Thackara 2015：146)。还有许多其他缩小规模以及本地化的社会措施，本书前一章介绍了一些宜居城市的场景，包括波哥大、哥本哈根、库里蒂巴、代尔夫特、弗莱堡、温哥华和韦克舍。在瑞典“迈向 2020 年无油时代”这一乌托邦式计划框架下，韦克舍正努力建设一个“无化石燃料的未来”。据说，韦克舍已经完成了通往这一未来的路程的一半，同时人们并没有牺牲自己的生活方式、舒适性以及经济增长。

评估减少排放的意义比较困难，尤其是许多发展措施还是一些未曾广泛普及的雏形。然而，欧盟指出二氧化碳排放增长也不一定是不可抑制的，在最近的2013—2014年间，出现了一个少量的下降（www.exeter.ac.uk/news/research/title_412769_en.html）。与此类似，据古道尔（Goodall）的报告显示英国资源使用出现了较长期的回落，物质消费在2001—2003年左右达到最高峰，从那以后无论是绝对值还是人均值都减少了（Goodall 2011；D. Clark 2011）。令人吃惊的是，物质消费速度在2007—2008年经济和金融危机发生之前就开始下降。此类数据的解读很复杂，尤其是这一时期碳排放已经以离岸方式转移到了中国。尽管如此，此处的要点仍然是"西方经济"和二氧化碳排放之间的关系处于潜在的变化中，"去增长"还是可能实现的。

乔治·蒙比尔特（George Monbiot）推测这一物质消费的峰值回落现象部分是由于环境保护运动的作用（www.monbiot.com/2011/11/03/peak-stuff）。通过无数的方式，非政府组织的活动、环境新闻、政府组织的活动、关于可持续性的著述、当地政府对废弃物的回收利用等，都对碳排放强度控制产生了很大作用。在一些国家的碳排放减少至少反映了低碳社会萌芽的出现。如果事实如此，那么这对于通过建设低碳社会而实现一个"去增长"的未来来说意义重大。

气候未来

本段将讨论四种可能的气候未来状况，每一种状况背后潜在的"社会基础"都需要研究。第一种可能是"一切照旧"，许多正统的评论家已经对此加以分析并进行公布（参见针对这一预测的批评，新兴技术中心2013；Klein 2014）。在这一未来场景中，"经济增长”目标高于一切。国家政策的目的在于增加 GDP，确保商品和服务的供应空前充足，不管这些商品是否有需求，而且不必理会它们的“碳足迹”是多少（参见 Berners-Lee 2010）。

在这一未来状况下，避免气候变化只是经济和公共政策中的一个附属目标，要先保证经济目标的实现。不管对于气候变化的说辞是怎样的，大部分国家采用的还是“经济增长优先”模式，大部分企业游说政府支持这一政策，将它变得“理所当然”。国家的选举周期也加大了压力，政府需要确保短期经济增长以获得连任，而反对党也必须首先保证经济增长。

此外，增长优先模式也常常是由国家不同部门的内部结构造成的。英国最近有一则新闻标题是“沉迷于经济增长的财政部是如何放弃气候行动的”（Jowit 2015）。规划中的“欧盟和美国跨大西洋贸易和投资伙伴关系协定”继续推崇这种经济增长优先模式。凯恩斯称之为“财政部观点”的看法主导了英国的决策，有时与其他部门的目标相矛盾。无限制的经济增长成为国家政策的首要目标，不允许有任何干预，全世界大抵都是这个状况。

“经济增长优先”政策意味着许多气候学家认为他们了解未来会有多糟，但他们无能为力，也就是表现出了“卡珊德拉综合征”（参见本书第 2 章）。洛夫洛克、汉森等杰出的科学家深信他们了解未来气候，但对于他们发出的关于未来的警告大多数人依然我行我素。气候变化灾难终将显现。（关于洛夫洛克的观点，参见 http://richardfalk.wordpress.com/tag/james-lovelock）。《西方文明的崩溃》（*The Collapse of Western Civilization*）一书详述了这一无法扭转人类走上气候变化灾难之路的悲剧（Oreskes, Conway 2014）。

“去增长”是第二种可能的气候未来。上文我提到的新兴“低碳社会群体”涉及大量的试验和积极的参与者。在一个对有效措施一无所知或者不确信的情况下，这一社会群体起到了铺垫作用。关键问题是这样的“低碳社会群体”是否能带来足够的新举措和养成习惯，并提供产品和服务以实现全球社会减少能源使用的目标，从而最终战胜各种强大的反对力量，尤其是来自碳、金融以及数字资本的反对力量。

与此情形相似的是 E. P. 汤普森在《英国工人阶级的形成》(*The Making of the English Working Class*，1968)一书中的历史分析。他论述了 19 世纪新兴的工人阶级在自身形成过程中所起的作用。在汤普森看来，这一社会阶级从根本上来说是历史的产物，它在历史中参与了自身的形成和转变。在形成中，它也重塑了英国的历史。我们也可以这样看待低碳社会群体。这一社会群体自发形成并且赢得拥护，它在改变自己的未来的同时也改变了全球社会，就像英国工人阶级在形成过程中改变了 19 世纪的英国。

然而，只有在气候变化确定无疑地引起大规模灾难的情况下，这一切才可能发生。实证研究似乎表明当人们在他们的活动区域直接经历过与天气相关的事件后才能对天气变化发展有更多的关注(Spence，Poortinga，Butler，Pidgeon 2011)。因此，各种社会力量才能团结起来，一起推动并最终实施减少能源使用的全球策略。此外，反对力量也应该感到无法再继续原来的做法，因为原来的政策将世界带入了气候变化灾难，这在当地已经以各种方式得到验证。

第三种未来的中心是经济增长，但是通过一条不同的道路——**生态现代化**。它主张发展和应用一系列生态技术，尤其是可再生能源、新交通模式以及循环再生新技术，进而带来一个经济增长的重要新时期(Mol，Sonnenfeld，Spaargaren 2009)。这需要针对生态创新做出结构性改变，生态现代化革新者们需要研究哪些做法可能促进或者阻碍这些引起全球关注的创新。

有时候，“生态现代化”会采用20世纪早期俄国经济学家康德拉捷夫(Kondratiev)及其追随者的观点(www.globalresearch.ca/nikolai-kondratiev-s-long-wave-the-mirror-of-the-global-economic-crisis/11161)。他们看到资本主义制度下一系列的技术发展：蒸汽机和纺织业、铁路、化学和电气工程、汽车系统的崛起以及互联网和数字技术。每一次技术突破都会激发一个较长时期的繁荣发展，随后就出现一个转折点，最后危机到来。总的来说，这样波浪式的发展延续了大约60年。一些经济学家认为我们也许正处于“第六个康德拉捷夫周期”的最高点，其基础是一系列结合了生物技术、纳米技术和健康科学的创新。目前当然出现了一波创新，但要取代我们看到的碳资本和化石燃料依赖，还需要重大的技术突破。

最后一种未来在一系列大规模灾难性事件之后显现，这些灾难发生在世界各地并且毫无疑问被认为是由气候变化引起的。许多政府和公司最终走到一起，促进并实施了针对未来地球的庞大的“地球工程学”计划。这样一个全球性的社会实验将可能被看作是唯一能够保证继续燃烧化石燃料的方法。或者用新自由主义的话来说是“永远不要浪费一场危机”(Klein 2007，2014：261—5)。

这一重大的“地球工程学”计划最可能的形式是太阳辐射管理，它需要全世界金融、组织机构和科学展开大规模的合作(www.srmgi.org)。开发这一全球性的技术课题需要调动极大的兴趣。作为一个后备计划，“地球工程学”仿佛是一场浮士德式的交易，压倒了民主政治，依赖于全球主义思想，绕过了国家规则。泽尔金斯基(Szerszynski)及其同事们认为太阳辐射管理干预措施会导致新的气候格局，出现新的赢家和输家，并产生复杂的有关公正和再分配的问题(2013)。此外，气候现象特有的不确定性意味着成因和结果、责任和义务都很难说清楚。这种“世界性社会实验”几乎肯定会引起新一轮的地缘政治冲突，或者如斯滕格斯(Stengers)所说，是一种“野蛮”与另一种“野蛮”之间的选择(2015)。

因此，我们可以看到有许多与气候未来相关的难题。这些难题包括棘手问题、取决于尚未发生的事件和进程的未来、人类本质的潜在变化以及如何转变增长优先逻辑的大问题。本章清楚地表明了气候变化确实“改变了一切”(Klein 2014；另请参见 Stengers 2015)。

10 结论：未来学的未来

亚当和格罗夫斯在他们那本有趣的关于未来的著作的结尾提出了一个请求——诚邀：21世纪的未来学专家(2007：191)。本书接受了这个挑战，阐述关于未来的专业知识，尤其是社会未来学知识。然而，我们看到许多这样的专业知识是无法直接获得的。世界银行的首席经济学家考什克·巴苏(Kaushik Basu)的结论是："做长期预测是一个冒险行为，因为生活的不确定性和难以预料性有足够的时间出来捣乱，使规划好的路线出现弯曲，受到破坏。同时，要制定出根植于理性和现实的政策，我们需要利用我们所有的最准确的信息、统计数据以及模型来探究未来。"(http://econ.worldbank.org/WBSITE/EXTERNAL/EXTDEC/EXTDECPROSPECTS/0,contentMDK:23413150～pagePK:64165401～piPK:64165026～theSitePK:476883,00.html)

本书探究的就是这样一个矛盾的命题。为了管理和制定政策，我们必须探究未来，除此之外别无选择。本书中我们已经提及约翰·F.肯尼迪认为我们一定不能错过未来。毫无疑问，它对于公司、环境组织、政府部门、军事组织等都非常重要。但是预测未来是什么样的却具有冒险性和不确定性。有很多已知的和未知的领域我们还不了解，还会面临意料之中和意料之外的结果。我们必须竭尽全力，但还是会碰到棘手问题和不确定的前景，而且常常与我们想要发生的和以为要发生的完全相反。

我论述了预测未来需要想象各种各样的社会前景，必须融入各种社会机构、实践和运动的分析。我们还认识到预测未来能让人们更好地理解事情有可能向相反的方向发展，结果并不一定是预先注定的，某个未来前景并不是一定会出现的（参见 Tutton 2016；Watson 2008）。

本书第一部分具体阐述了历史上人们所做的一系列未来预测，这些预测确定了一些未来预测的术语。近期著作、政策以及电影和文学思想中的一个重要倾向是“新灾变论”，它已经成为本世纪广泛流传的一个用语。本部分的分析表明世界上有各种互有争议的未来预测，其中包括“崩溃的社会”，在此未来情景中会出现许多无意识造成的悖谬的棘手问题。

本书中的一个重要理念是“复杂系统”思维对分析各种不同的、有争议的、不确定的社会未来前景具有重大意义（相关分析请参见 ESPAS 2015）。本书第二部分提出了复杂性思想，用以研究由不稳定的、复杂的、互相依赖的适应性系统构成的未来。强大的实体和社会系统跨越时空，并且常常锁定遥远的未来。然而，这些强大的系统同时又是脆弱的，它们富有创意，具有不确定性，而且常常可能会发生逆转。未来包含连锁效应的互相依赖关系以及“成因”和“解决办法”等多种棘手问题。在解决一个问题的过程中常常引出其他问题，问题的解决取决于问题的系统结构。许多问题没有解决，反而在不同的地方以不同的方式回归了。解决问题需要的资源会随着时间改变。有些问题没有得到解决，而是不断出现或以不同形式伪装重现。

因此，本书第三部分采用这一系统思维方法探究了三个实体领域：3D打印对于全球制造和运输的意义；城市交通的本质以及后汽车系统的未来；多个高碳系统以及社会去增长的可能性。当然，除了制造业、城市和气候，还有其他极其重要的未来前景，包括商品的非物质化（Attali 1985[1976]，关于音乐，2011）、全球不平等现象（Piketty 2014）、多中心权利系统内“西方”世界的未来（Morris 2011）、中国的崛起（Jacques 2012）、欧盟的进程（ESPAS 2015）、暴力的未来（Walby 2009）、世界宗教截然不同的未来发展（www. pewforum. org/2015/04/02/religious-projections-2010-2050/）以及人类的未来特征（这些不同的未来情景几乎涵盖了兰开斯特大学社会未来学院的所有议题：www. lancaster. ac. uk/social-futures）。

对于不同未来情景的探究表明它们与各社会角色紧密相连，它们联合起来塑造未来，甚至“拥有”未来。没有未来的人、地方和组织机构被推入慢车道（Srnicek，Williams 2015）。人们还注意到计算和技术力量的加强使得未来变化的速度急剧提升。尤其是金融化的未来以前所未有的速度出现了。事件发生的速度超过了思考的速度，金融活动已经超出了人脑的控制，这将给金融管理和恢复带来问题。

总的来说，未来预测是互相矛盾的，充满了各种利益冲突。在不同的未来场景里，人们拥有的利益互相冲突，而在当代社会，人们通常要确保他们的愿景能够实现，尤其是通过将反对他们未来愿景的人称为“勒德分子”。很明显，阻碍进步就会妨碍社会力量组织起来对抗某个新政策或新技术或改革。

确实，我们看到“强大的未来”几乎都是私有的，而不是由社会成员共享。有些未来融入了它们得以生成的当代社会，它们在行动中生成发展。社会成员努力生成或者创造一个未来，如同“自证式预言”，目标得以实现。未来学将社会科学中未能明示的东西展示出来，克服挫折创造未来应当被视为一种伟大的能力。

因此，本书不仅为社会科学也为进步力量开拓了未来学研究的领域。本书的目标是将未来学“主流化”，使它进入社会科学范畴，因为它实在太重要了，不应该只留给政府、公司或者技术人员去研究。分析“社会运动、社会机构、社会实践以及社会生活”对于研究未来、发展未来的相关理论及方法都至关重要。此外，未来愿景能产生巨大的社会影响。本书的目标是分析“社会未来”，尤其是展开与其他常见的更偏向经济或技术未来完全不同的分析。

我们还注意到没有所谓单一的未来，而是存在许多与不同时制相关的未来前景。整个社会科学议题，从不同的历史阶段到不确定的未来，都涉及未来前景如何嵌入能源、经济、社会和文化进程。未来从来都不是基于现状做出的简单预测或者平顺推断。并没有一个空白的未来等着我们去填满。

我们从中获得的一个启示是了解未来意味着需要了解过去以及过去系统依赖的发展路径。前文已经提到，马克思认为前人的传统仿佛是后人的噩梦。即使在革命性的变革中，历史的传统也会起作用。因此，未来从来都不是完全开放式的，也许频临绝境时开放度会更大一些，如 1970 年左右世界许多地方就是如此。

创新更是如此，通常涉及过去的创新要素的组合，这种组合有些是无法预料的，亚瑟在“新技术创新”案例中说明了这一点。这样的系统在形成中，其构成或者作用并非预先设定好的。技术在发展中，由于与其他要素偶然发生同步从而产生一个新系统，技术会产生意料之中和意料之外的后果，由此我们看到了其中的不可预测性。

本书还指出各种未来情景需要进行区分：推断的未来、预想的未来和期待的未来。人们注意到最希望实现的未来最终却是最不可能实现的。人们偏好某一个未来情景并不能保证它最可能实现。我们见过各种各样的例子，魔鬼一旦从瓶中释放就再也回不去了，要做好准备接受一个路径依赖的模式发展成一个不合意的未来模式。

我们还看到有各种预见未来的方法。我们研究了人类在各个领域预测、预见、想象、描述和记录未来所做的工作。研究表明历史的强大压力及其内在联系对创造未来产生了重大影响。我们研究了各种未来愿景。建设乌托邦的意义尤其重大，它表明未来可以不同，并且指出我们该做些什么才能实现我们想要的乌托邦。我们还特别研究了在什么条件下才能实现无车化城市和节能低碳的世界这种乌托邦式未来。

最后，未来学是一种规划未来的方法，但是要在一个新的框架下。现在的问题大而棘手，个人、本地社区、公司、国家以及国际组织应该协调合作，共建未来。我们别无选择，因为我们可以看到市场能够产生可怕的未来市场的“失灵”。但是“规划”这一措辞是在二战后出现的，这是一个强调社会民主或者至少是国家政府的时期，这样的规划概念受到了来自各方的批评。

然而，考虑到社会生活的长期性，预测未来绝对是必要的。而且一旦开启未来预测，公共机构成为关键。它们常常是未来创造过程中重要的协调者。因此我认为未来学是使国家和公众摆脱冷漠态度的重要方式，尤其是当关注点是社会未来而不是技术未来的时候。

社会未来学认为自主市场和技术的内生增长都有问题。未来学认定某些相关要素与未来发展关系密切。在一个公民社会时代，一个面临全球变化、棘手问题、市场限制以及“未知的未知”等问题的时代，社会未来学使得多种协调方式成为可能。理论和实践必须超越市场、最弱化的国家以及新技术，这些或多或少被看作是不可避免的。一个规划的未来也许不可能实现，但一个各方协同合作建设的未来也许是最棒的。这需要运用本书中关于未来学的知识。关键问题是如何找到并确立一个有效方法去发展“民主”未来学的理论和实践。

对社会来说，未来意义重大。对社会科学以及社会行动者开拓未来研究领域来说，也至关重要，因为许多理论和研究与此密切相关。本书中，我尝试将未来学“主流化”和“民主化”。未来愿景将带来重大影响，社会科学需要通过系统思考并从其内在角度参与关于社会未来情景的梳理、辩论及预测。未来世界也许是模糊不清的，但这是一个我们必须进入、了解并且希望重塑的世界。这应该是我们深入分析新世纪社会生活的方向。

参考文献

Abbott, A. (2001) *Time Matters*. Chicago: University of Chicago Press.

Abbott, C. (2008) *An Uncertain Future: Law Enforcement, National Security and Climate Change*. Oxford: Oxford Research Group.

Adam, B. (1990) *Time and Social Theory*. Cambridge: Polity.

Adam, B. (1995) *Timewatch: The Social Analysis of Time*. Cambridge: Polity.

Adam, B. (2010) 'History of the future: paradoxes and challenges', *Rethinking History*, 14: 361–78.

Adam, B., Groves, C. (2007) *Future Matters: Action, Knowledge, Ethics*. Leiden: Brill.

Albert, R., Barabási, A.-L. (2000) 'Topology of evolving networks: local events and universality', *Physical Review Letters*, 85: 5234–7.

Allwood, J., Cullen, J. (2012) *Sustainable Materials*. Cambridge: UIT Press.

Amin, A., Thrift, N. (2002) *Cities: Reimagining the Urban*. Cambridge: Polity.

Anderson, B. (1991) *Imagined Communities*. London: Verso.

Anderson, C. (2012) *Makers: The New Industrial Revolution*. New York: Crown Business.

Anderson, K., Bows, A. (2011) 'Beyond "dangerous" climate change: emission scenarios for a new world', *Philosophical Transactions of the Royal Society A*, 369: 20–44.

Andrews, C. (1901) *Famous Utopias*. New York: Tudor Publishing.

Appadurai, A. (2013) *The Future as Cultural Fact*. London: Verso.

Appelbaum, E., Batt, R. (2014) *Private Equity at Work: When Wall Street Manages Main Street*, https://www.russellsage.org/publications/private-equity-work.

Armytage, W. (1968) *Yesterday's Tomorrows: A Historical Survey of Future Societies*. London: Routledge and Kegan Paul.
Arthur, B. (1994) *Increasing Returns and Path Dependence in the Economy*. Ann Arbor: University of Michigan Press.
Arthur, B. (2009) *The Nature of Technology*. New York: Free Press.
Arthur, B. (2013) *Complexity Economics: A Different Framework for Economic Thought*. Working Paper. Santa Fe: Sante Fe Institute.
Atherton, A. (2005) 'A future for small business? Prospective scenarios for the development of the economy based on current policy thinking and counterfactual reasoning', *Futures*, 37: 777–94.
Attali, J. (1985[1976]) *Noise: The Political Economy of Music*. Manchester: Manchester University Press.
Attali, J. (2011) *A Brief History of the Future*. New York: Skyhorse.
Atwood, M. (2010) *The Year of the Flood*. New York: Anchor.
Axelrod, R., Cohen, M. (1999) *Harnessing Complexity*. New York: Free Press.
Ball, P. (2004) *Critical Mass*. London: William Heinemann.
Ballard, J. G. (2005[1975]) *High-Rise*. London: Harper.
Banister, D., Schwanen, T., Anable, J. (eds.) (2012) 'Special section on theoretical perspectives on climate change mitigation in transport', *Journal of Transport Geography*, 24: 467–535.
Barabási, A.-L. (2002) *Linked: The New Science of Networks*. Cambridge, Mass.: Perseus.
Barkenbus, J. (2009) 'Our electric automotive future: CO_2 savings through a disruptive technology', *Policy and Society*, 27: 399–410.
Barlex, D., Stevens, M. (2012) *Making by Printing – Disruption Inside and Outside School?*, www.ep.liu.se/ecp/073/007/ecp12073007.pdf.
Bauman, Z. (1976) *Socialism: The Active Utopia*. London: George Allen and Unwin.
Bauman, Z. (2000) *Liquid Modernity*. Cambridge: Polity.
BBC News (2010) '3D printing offers ability to print physical objects', www.bbc.co.uk/news/technology-11834044.
Beck, U. (2009) *World at Risk*. Cambridge: Polity.
Beckett, A. (2011) 'The economy's bust, the climate's on the brink and even the arts are full of gloom', *The Guardian G2*, 19 December.
Beinhocker, E. (2006) *The Origin of Wealth: Evolution, Complexity, and the Radical Remaking of Economics*. London: Random House.
Bell, S., Walker, S. (2011) 'Futurescaping infinite bandwidth, zero latency', *Futures*, 43: 525–39.
Bell, W., Wau, J. (eds.) (1971) *Sociology of the Future: Theory, Cases and Annotated Bibliography*. New York: Russell Sage.
Ben-Joseph, E. (2012) *Re-thinking a Lot: The Design and Culture of Parking*. Cambridge, Mass.: MIT Press.

Benkler, Y. (2007) *The Wealth of Networks*. New Haven: Yale University Press.
Berman, M. (1983) *All That Is Solid Melts into Air*. London: Verso.
Berners-Lee, M. (2010) *How Bad are Bananas?* London: Profile.
Berners-Lee, M., Clark, D. (2013) *The Burning Question: We can't Burn Half the World's Oil, Coal and Gas. So How Do we Quit?* London: Profile.
Better Transport (2014) *Car Dependency Scorecard*. London: Better Transport.
Biel, R. (2014) 'Visioning a sustainable energy future', *Theory, Culture and Society*, 31: 183–202.
Bijsterveld, K., Cleophas, E., Krebs, S., Mom, G. (2014) *Sound and Safe: A History of Listening Behind the Wheel*. New York: Oxford University Press.
Birtchnell, T., Büscher, M. (2011) 'Stranded: an eruption of disruption', *Mobilities*, 6: 1–9.
Birtchnell, T., Caletrio, J. (eds.) (2014) *Elite Mobilities*. London: Routledge.
Birtchnell, T., Savitzky, S., Urry, J. (eds.) (2015) *Cargomobilities*. London: Routledge.
Birtchnell, T., Urry, J. (2013a) 'Fabricating futures and the movement of objects', *Mobilities*, 8: 388–405.
Birtchnell, T., Urry, J. (2013b) '3D, SF and the future', *Futures*, 50: 25–34.
Birtchnell, T., Urry, J. (2016) 'Small technologies and big systems', in Endres, M., Manderscheid, K., Mincke, C. (eds.) *Discourses and Ideologies of Mobility*. London: Routledge.
Birtchnell, T., Viry, G., Urry, J. (2013) 'Elite formation in the third industrial revolution', in Birtchnell, T., Caletrio, J. (eds.) *Elite Mobilities*. London: Routledge.
Black, E. (2006) *Internal Combustion*. New York: St Martin's Press.
Blinder, A. (2006) 'Offshoring: the next industrial revolution', *Foreign Affairs*, 85: 113–28.
Böhm, S., Jones, C., Land, C., Paterson, M. (eds.) (2006) *Against Automobility*. Oxford: Blackwell Sociological Review Monograph.
Boltanski, L., Chiapello, E. (2007) *The New Spirit of Capitalism*. London: Verso.
Bond, P. (2012) *Politics of Climate Justice*. Scottsville: University of KwaZulu-Natal Press.
Bourdieu, P. (1984) *Distinction: A Social Critique of the Judgement of Taste*. London: Routledge and Kegan Paul.
Braudel, F. (1972) *The Mediterranean and the Mediterranean World in the Age of Phillip II*. Vol. I. New York: Harper and Row.

Bridge, G. (2013) 'Territory, now in 3D!' *Political Geography*, 34: 55–7.

Brown, V., Harris, J., Russell, J. (eds.) (2010) *Tackling Wicked Problems*. London: Earthscan.

Brundtland Report (1987) *Our Common Future*. New York: World Commission on Environment and Development.

Buchanan, M. (2002) *Small World: Uncovering Nature's Hidden Networks*. London: Weidenfeld.

Budd, L. (2013) 'Aeromobile elites: private business aviation and the global economy', in Birtchnell, T., Caletrio, J. (eds.) *Elite Mobilities*. London: Routledge.

Bunders, J., Bunders, A., Zweekhorst, M. (2015) 'Challenges for interdisciplinary research', in Werlen, B. (ed.) *Global Sustainability*. Switzerland: Springer.

Burt, R. (1992) *Structural Holes*. Cambridge, Mass.: Harvard University Press.

Butler, S. (2005[1872]) *Erewhon*, www.gutenberg.org/files/1906/1906-h/1906-h.htm.

Calder, N. (1964) *The World in 1984: The Complete New Scientist Series*. Harmondsworth: Penguin (see http://calderup.wordpress.com/2010/05/04/Internet-64).

Campbell, K. (ed.) (2008) *Climatic Cataclysm: The Foreign Policy and National Security Implications of Climate Change*. Washington: Brookings.

Canales, J. (2009) *A Tenth of a Second*. Chicago: University of Chicago Press.

Capra, F. (1996) *The Web of Life*. London: HarperCollins.

Carbon Tracker (2013) *Unburnable Carbon 2013: Wasted Capital and Stranded Assets*. London: Grantham Research Institute on Climate Change and the Environment.

Carr, N. (2010) *The Shallows*. New York: W. W. Norton.

Carroll, R. (2008) 'The temples of doom', *The Guardian G2*, 28 October.

Carroll, W. (2010) *The Making of a Transnational Capitalist Class: Corporate Power in the 21st Century*. London: Zed.

Carson, R. (1962) *Silent Spring*. Boston: Houghton Mifflin.

Castells, M. (1996) *The Rise of the Network Society*. Oxford: Blackwell.

Castells, M. (2001) *The Internet Galaxy*. Oxford: Oxford University Press.

Centre for Alternative Technology (2013) *Zero Carbon Britain: Rethinking the Future*. Machynlleth: Centre for Alternative Technology.

Clark, D. (2011) 'The only way is down', *The Guardian G2*, 1 November.

Clark, N. (2010) 'Violent worlds, vulnerable bodies: confronting abrupt climate change', *Theory, Culture and Society*, 27: 31–53.
Clark, N. (2011) *Inhuman Nature: Sociable Life on a Dynamic Planet*. London: Sage.
Clarke, A. C. (2000) *Profiles of the Future* (2nd rev. edn.). London: Indigo.
Clarke, T. (2011) 'How printing in 3D could save lives', www.channel4.com/news/how-printing-in-3-d-could-save-lives.
Collectif Argos (2010) *Climate Refugees*. Boston: MIT Press.
Collie, N. (2011) 'Cities of the imagination: science fiction, urban space, and community engagement in urban planning', *Futures*, 43: 424–31.
Condie, J. M., Cooper, A. M. (2015). *Dialogues of Sustainable Urbanisation: Social Science Research and Transitions to Urban Contexts*. Penrith, NSW: University of Western Sydney.
Costanza, R. (1999) 'Four visions of the century ahead', *The Futurist*, February: 23–8.
Coveney, P., Highfield, R. (1990) *The Arrow of Time*. London: Flamingo.
Crawford, J. (2009) *Carfree Design Manual*. Utrecht: International Books.
Cudahy, B. J. (2006) *Box Boats: How Container Ships Changed the World*. New York: Fordham University Press.
Cwerner, S. (2009) 'Helipads, heliports and urban air space: governing the contested infrastructure of helicopter travel', in Cwerner, S., Kesselring, S., Urry, J. (eds.) *Aeromobilities*. London: Routledge.
Dartnell, L. (2014) *The Knowledge: How to Rebuild our World from Scratch*. London: Bodley Head.
Davidson, C. (2008) *Dubai: The Vulnerability of Success*. London: Hurst.
Davis, G. (2009) *Managed by the Markets*. New York: Oxford University Press.
Davis, G. (2012) 'Re-imagining the corporation'. Paper presented to American Sociological Association, Denver, Colorado, 17–20 August.
Davis, M. (2000) *Ecology of Fear*. London: Picador.
Davis, M. (2010) 'Who will build the ark?', *New Left Review*, 61: 29–46.
Day, P. (2011) 'Will 3D printing revolutionise manufacturing?', *BBC News*, www.bbc.co.uk/news/business-14282091.
Dayrell, C., Urry, J. (2015) 'Mediating climate politics: the surprising case of Brazil', *European Journal of Social Theory*, 18: 257–73.
Dean, A. (2012) '3D printing in the home: reality check', www.develop3d.com/features/3d-printing-in-the-home-reality-check.

Demeritt, D. (2006) 'Science studies, climate change and the prospects for constructivist critique', *Economy and Society*, 35: 453–79.
Dennis, K., Urry, J. (2009) *After the Car*. Cambridge: Polity.
Despommier, D. (2009) 'The rise of vertical farms', *Scientific American*, 301: 80–7.
Diamond, J. (2005) *Collapse: How Societies Choose to Fail or Succeed*. London: Allen Lane.
Druce-McFadden, C. (2013) 'Driverless cars to invade England by 2015', *DVICE*, 4 November, www.dvice.com/2013–11–4/driverless-cars-invade-england-2015.
Dunn, N., Cureton, P., Pollastri, S. (2014) *A Visual History of the Future*. Foresight Paper from the 'The Future of Cities' Foresight Programme. London: Department for Business, Innovation and Skills.
Easton, T. (2011) 'A recession in the economy of trust', in Ricci, G. (ed.) *Values and Technology: Religion and Public Life*. New Brunswick, N.J.: Transaction.
Edgerton, D. (2006) *The Shock of the Old: Technology and Global History since 1900*. London: Profile.
Ehret, O., Gignum, M. (2012) 'Introducing hydrogen and fuel cell vehicles in Germany', in Geels, F., Kemp, R., Dudley, G., Lyons, G. (eds.) *Automobility in Transition? A Socio-Technical Analysis of Sustainable Transport*. London: Routledge.
Elias, N. (2007[1984]) *An Essay on Time*. Dublin: UCD Press.
Elias, N. (2012[1939]) *On the Process of Civilisation*. Dublin: UCD Press.
Ellen MacArthur Foundation (2012) *Towards the Circular Economy: Economic and Business Rationale for an Accelerated Transition*, www.thecirculareconomy.org/uploads/files/012012/4f26c6959d31c63107000018/original/120130_EMF_CE_Full%20report_final.pdf?1327941269.
Elliott, A. (2013) *Reinvention*. London: Routledge.
Elliott, A., Urry, J. (2010) *Mobile Lives*. London: Routledge.
Emmott, S. (2013) 'Humans: the real threat to life on earth', www.theguardian.com/environment/2013/jun/30/stephen-emmott-ten-billion.
ESPAS (2015) *Global Trends to 2030: Can the EU Meet the Challenges Ahead?* Brussels: ESPAS.
Farnish, K. (2009) *Time's Up! An Uncivilized Solution to a Global Crisis*. Totnes: Green Books.
Faye, G. (2012) *Convergence of Catastrophes*. London: Arktos Media.
Flannery, T. (2007) *The Weather Makers*. London: Penguin.
Floyd, J., Slaughter, R. (2014) 'Descent pathways', *Foresight*, 6: 485–95.

Forster, E. M. (1985[1909]) *The New Collected Short Stories*. London: Sidgwick and Jackson.
Forum for the Future (2010) *Megacities on the Move*. London: Forum for the Future.
Foster, J. (2015) *After Sustainability*. London: Routledge.
Fox, S. (2010) 'After the factory [post-industrial nations]', *Engineering and Technology*, 5: 59–61.
Franz, K. (2005) *Tinkering: Consumers Reinvent the Early Automobile*. Philadelphia: University of Pennsylvania Press.
Friedman, T. (2009) *Hot, Flat and Crowded*. London: Penguin.
Froggatt, A., Lahn, G. (2010) *Sustainable Energy Security: Strategic Risks and Opportunities for Business*. London: Lloyd's and Chatham House.
Gallopin, G., Hammond, A., Raskin, P., Swart, R. (1997) *Branch Points: Global Scenarios and Human Choice*. Polestar Series Report 7. Stockholm: Stockholm Environmental Institute.
Gamble, A. (2014) *Crisis Without End? The Unravelling of Western Prosperity*. London: Palgrave Macmillan.
Garside, J. (2014) 'Many more of us will work from home – or a cafe – says BT futurologist', *The Guardian*, 3 January.
Geels, F. (2006) 'Multi-level perspective on system innovation: relevance of industrial transformation', in Olsthoorn, X., Wieczorek, A. (eds.) *Understanding Industrial Transformation: Views from Different Disciplines*. The Netherlands: Springer.
Geels, F. (2010) 'Ontologies, socio-technical transitions (to sustainability) and the multi-level perspective', *Research Policy*, 39: 494–510.
Geels, F. (2014) 'Energy, societal transformation, and socio-technical transitions: expanding the multi-level perspective', *Theory, Culture and Society*, 31: 21–40.
Geels, F., Kemp, R., Dudley, G., Lyons, G. (2012) *Automobility in Transition? A Socio-Technical Analysis of Sustainable Transport*. London: Routledge.
Geels, F., Schot, J. (2007) 'Typology of sociotechnical transition pathways', *Research Policy*, 35: 399–417.
Geels, F., Smit, W. (2000) 'Failed technology futures: pitfalls and lessons from a historical survey', *Futures*, 32: 867–85.
Gell-Mann, M. (1995) 'What is complexity?' *Complexity*, 1: 16–19.
Gershenfeld, N. (2007) *Fab: The Coming Revolution on your Desktop – From Personal Computers to Personal Fabrication*. New York: Basic Books.
Giddens, A. (1990) *The Consequences of Modernity*. Cambridge: Polity.

Giddens, A. (2009) *The Politics of Climate Change*. Cambridge: Polity.
Gilding, P. (2012) *The Great Disruption: How the Climate Crisis Will Transform the Global Economy*. London: Bloomsbury.
Gladwell, M. (2002) *Tipping Points: How Little Things Can Make a Big Difference*. Boston: Little, Brown and Company.
Glaeser, E. (2011) *Triumph of the City: How Our Greatest Invention Makes Us Richer, Smarter, Greener, Healthier, and Happier*. London: Penguin.
Goodall, C. (2011) 'Peak stuff. Did the UK reach a maximum use of material resources in the early part of the last decade?', www.carboncommentary.com/s/Peak_Stuff_171011.pdf.
Gore, A. (2013) *The Future*. London: W. H. Allen.
Graham, S. (2011) *Cities under Siege*. London: Verso.
Granovetter, M. (1983) 'The strength of weak ties: a network theory revisited', *Sociological Theory*, 1: 201–33.
Granovetter, M. (1985) 'Economic action and social structure: the problem of embeddedness', *American Journal of Sociology*, 91: 481–510.
Greenfield, S. (2011) 'Computers may be altering our brains – we must ask how', *The Independent*, 12 August.
Greer, J. M. (2015) *After Progress*. Gabriola Island, BC: New Society Publishers.
Haldane, A., May, R. (2011) 'Systemic risk in banking ecosystems', *Nature*, 469: 351–5.
Hall, S. (2007) *The Carhullan Army*. London: Faber and Faber.
Hallam, T. (2005) *Catastrophes and Lesser Calamities: The Causes of Mass Extinctions*. Oxford: Oxford University Press.
Halpern, D. (2010) *The Hidden Wealth of Nations*. Cambridge: Polity.
Hamilton, C. (2010) *Requiem for a Species*. London: Earthscan.
Hansen, J. (2011) *Storms of my Grandchildren: The Truth about the Coming Climate Catastrophe and Our Last Chance to Save Humanity*. London: Bloomsbury.
Hardin, G. (1972) *Exploring New Ethics for Survival*. Baltimore: Penguin.
Hardt, M., Negri, A. (2006) *Multitude*. London: Penguin.
Harvey, M. (2014) 'The food–energy–climate change trilemma', *Theory, Culture and Society*, 31: 155–82.
Hawken, P., Lovins, A., Lovins, H. (1999) *Natural Capitalism*. London: Earthscan.
Hawking, S. (1988) *A Brief History of Time*. London: Bantam.
Hayek, F. (1944) *The Road to Serfdom*. London: Routledge.

Heidegger, M. (1962[1927]) *Being and Time*. New York: Harper & Row.
Heinberg, R. (2005) *The Party's Over: Oil, War and the Fate of Industrial Society*. New York: Clearview Books.
Heinberg, R., Lerch, D. (eds.) (2010) *The Post-Carbon Reader*. Healdsburg: California: Watershed Media.
Hickman, R., Banister, D. (2007) 'Looking over the horizon: transport and reduced CO_2 emissions in the UK by 2030', *Transport Policy*, 14: 377–87.
Hillman, M., Fawcett, T., Raja, S. (2007) *The Suicidal Planet: How to Prevent Global Climate Catastrophe*. New York: Thomas Dunne Books.
Hiltunen, E. (2013) *Foresight and Innovation – How Companies Are Coping with the Future*. London: Routledge.
Homer-Dixon, T. (2006) *The Upside of Down: Catastrophe, Creativity, and the Renewal of Civilization*. London: Souvenir.
Hopkins, R. (2011) *The Transition Companion*. Totnes: Green Books.
Hopkinson, N., Hague, R., Dickens, P. (2006) 'Introduction to rapid manufacturing', in Hopkinson, N., Hague, R. (eds.) *Rapid Manufacturing: An Industrial Revolution for the Digital Age*. Chichester: John Wiley and Sons.
Horvath, R. (1974) 'Machine space', *The Geographical Journal*, 64: 167–88.
Houellebecq, M. (2000) *Atomised*. London: Vintage.
Hughes, T. (1983) *Networks of Power: Electrification in Western Society, 1880–1930*. Baltimore: Johns Hopkins University Press.
Hulme, M. (2009) *Why We Disagree About Climate Change*. Cambridge: Cambridge University Press.
Hunt, D. V. L., Lombardi, D. R., Atkinson, S., et al. (2012) 'Scenario archetypes: converging rather than diverging themes', *Sustainability*, 4: 740–72.
Huxley, A. (1965[1958]) *Brave New World Revisited*. New York: Harper and Row.
Huxley, A. (1991[1932]) *Brave New World*. London: Longman.
Illich, I. (1974) *Energy and Equity*. London: Marion Boyars.
IPCC (2007) 'Summary for policymakers', in *Climate Change 2007: The Physical Science Basis. Contribution of Working Group I to the Fourth Assessment Report of the Intergovernmental Panel on Climate Change*. Cambridge: Cambridge University Press.
Jackson, T. (2009) *Prosperity Without Growth*. London: Earthscan.
Jacobs, J. (1992[1961]) *The Death and Life of Great American Cities*. New York: Vintage.

Jacques, M. (2012) *When China Rules the World*. London: Penguin.
Johnson, B. (2011) *Science Fiction Prototyping: Designing the Future with Science Fiction*. Synthesis Lectures on Computer Science, doi:10.2200/S00336ED1V01Y201102CSL003.
Jowit, J. (2015) 'How Treasury obsessed with growth leaves climate action out in the cold', *The Guardian*, 25 May.
Kaldor, M. (1999) *New and Old Wars: Organized Violence in a Global Era*. Cambridge: Polity.
Kaldor, M., Karl, T., Said, Y. (eds.) (2007) *Oil Wars*. London: Pluto.
Karlgaard, R. (2011) '3D printing will revive American manufacturing', *Forbes*, www.forbes.com/sites/richkarlgaard/2011/06/23/3d-printing-will-revive-american-manufacturing.
Kauffman, S. (1993) *The Origins of Order: Self-organization and Selection in Evolution*. New York: Oxford University Press.
Keen, A. (2015) *The Internet is Not the Answer*. London: Atlantic Books.
Kennedy Address (1963) 'Public papers of the Presidents: John F. Kennedy'. (Assembly Hall, Paulskirche, Frankfurt (266), 25 June.)
Kerr, J. (2002) 'Trouble in motor city', in Wollen, P., Kerr, J. (eds.) *Autopia. Cars and Culture*. London: Reaktion Books.
Keynes, J. M. (1936) *The General Theory of Employment, Interest and Money*. London: Macmillan.
Keynes, J. M. (1963[1930]) *Essays in Persuasion*. New York: W. W. Norton & Co.
Kicker, D. (2009) 'Wendell Bell and Oliver W. Markley: two Futurists' views of the preferable, the possible and the probable', *Journal of Futures Studies*, 13: 161–78.
Kirby, P. (2013) 'Transforming capitalism: the triple crisis', *Irish Journal of Sociology*, 21: 62–75.
Kirk, G. (1982) *Schumacher on Energy*. London: Jonathan Cape.
Klein, N. (2000) *No Logo*. London: Flamingo.
Klein, N. (2007) *The Shock Doctrine: The Rise of Disaster Capitalism*. New York: Metropolitan Books.
Klein, N. (2014) *This Changes Everything: Capitalism vs. the Climate*. London: Allen Lane.
Kloppenburg, S. (2013) *Tracing Mobilities Regimes*. Maastricht: University of Maastricht.
Kolbert, E. (2007) *Field Notes from a Catastrophe: A Frontline Report on Climate Change*. London: Bloomsbury.
Kolbert, E. (2015) *The Sixth Extinction: An Unnatural History*. London: Bloomsbury.
Krane, J. (2010) *City of Gold*. London: Picador.

Kross, R. (2011) 'How 3D printing will change absolutely everything it touches', *Forbes* www.forbes.com/sites/ciocentral/2011/08/17/how-3d-printing-willchange-absolutely-everything-it-touches.

Kumar, K. (1987) *Utopia and Anti-Utopia in Modern Times*. Oxford: Basil Blackwell.

Kumar, K. (1991) *Utopianism*. Milton Keynes: Open University Press.

Kunstler, J. (2006) *The Long Emergency: Surviving the Converging Catastrophes of the 21st Century*. London: Atlantic Books.

Kurzweil, R. (2006) *The Singularity is Near*. London: Gerard Duckworth.

Labban, M. (2010) 'Oil in parallax: scarcity, markets and the financialization of accumulation', *Geoforum*, 41: 541–52.

Lakatos, I., Musgrave, A. (eds.) (1970) *Criticism and the Growth of Knowledge*. Cambridge: Cambridge University Press.

Lanier, J. (2013) *Who Owns the Future?* New York: Simon and Schuster.

Lankford, B. (2013) *Resource Efficiency Complexity and the Commons: The Paracommons and Paradoxes of Natural Resource Losses, Wastes and Wastages*. Abingdon: Earthscan.

Lash, S., Urry, J. (1987) *The End of Organized Capitalism*. Cambridge: Polity.

Lash, S., Urry, J. (1994) *Economies of Signs and Space*. London: Sage.

Laszlo, E. (2006) *The Chaos Point*. London: Piatkus Books.

Latouche, S. (2009) *Farewell to Growth*. Cambridge: Polity.

Latour, B. (1993) *We Have Never Been Modern*. Hemel Hempstead: Harvester Wheatsheaf.

Latour, B. (1996) *Aramis or the Love of Technology*. Cambridge, Mass.: Harvard University Press.

Laurier, E., Dant, T. (2012) 'What we do whilst driving: towards the driverless car', in Grieco, M., Urry, J. (eds.) *Mobilities: New Perspectives on Transport and Society*. Farnham: Ashgate.

Laviolette, P. (2012) *Extreme Landscapes of Leisure: Not a Hap-Hazardous Sport*. Farnham: Ashgate Publishing.

Law, J., Urry, J. (2004) 'Enacting the social', *Economy and Society*, 33: 390–410.

Le Goff, J. (1980) *Time, Work and Culture in the Middle Ages*. Chicago: University of Chicago Press.

Lefebvre, H. (1976) *The Survival of Capitalism*. London: Allison and Busby.

Leggett, J. (2005) *Half Gone: Oil, Gas, Hot Air and the Global Energy Crisis*. London: Portobello Books.

Lehto, S. (2013) *The Great American Jet Pack: The Quest for the Ultimate Individual Lift Device*. Chicago: Chicago Review Press.

Leichenko, R., Thomas, A., Baines, M. (2010) 'Vulnerability and adaptation to climate change', in Lever-Tracy, C. (ed.) *Routledge Handbook on Climate Change and Society*. London: Routledge.
Levitas, R. (1990) *The Concept of Utopia*. London: Philip Allen.
Levitas, R. (2013) *Utopia as Method*. London: Palgrave Macmillan.
Lewis, M. (2015) *Flash Boys*. London: Penguin.
Linden, E. (2007) *Winds of Change: Climate, Weather and the Destruction of Civilizations*. New York: Simon and Schuster.
Llewellyn, R. (2013) *News from Gardenia*. London: Unbound.
Lomborg, B. (2001) *The Skeptical Environmentalist*. Cambridge: Cambridge University Press.
Lorimer, J. (2012) 'Multinatural geographies for the Anthropocene', *Progress in Human Geography*, 36: 593–612.
Lovelock, J. (2006) *The Revenge of Gaia*. London: Allen Lane.
Lovelock, J. (2010) *The Vanishing Face of Gaia: A Final Warning*. London: Penguin.
Lyons, G. (2015) 'The road investment strategy is a victory for "predict and provide" over transport planning', *Local Transport Today*, 663: 18.
Lyons, G., Goodwin, P. (2014) 'Grow, peak or plateau – the outlook for car travel'. Discussion Paper. New Zealand Ministry of Transport, http://eprints.uwe.ac.uk/23277.
Macdonald, R. (2000) 'Urban hotel: evolution of a hybrid typology', *Built Environment*, 26: 142–51.
Macnaghten, P., Owen, R., Stilgoe, J., et al. (2015) 'Responsible innovation across borders: tensions, paradoxes and possibilities', *Journal of Responsible Innovation*, 1: 91–9.
Macnaghten, P., Urry, J. (1998) *Contested Natures*. London: Sage.
Mahoney, J. (2000) 'Path dependence in historical sociology', *Theory and Society*, 29: 507–48.
Marvin, C. (1988) *When Old Technologies Were New*. New York: Oxford University Press.
Marx, K. (1962[1845]) *Eleventh Thesis on Feuerbach*, https://www.marxists.org/archive/marx/works/1845/theses.
Marx, K. (1973[1852]) *Surveys from Exile*. Harmondsworth: Penguin.
Marx, K., Engels, F. (1888[1848]). *The Manifesto of the Communist Party*. Moscow: Foreign Languages.
Marx, K., Engels, F. (1952[1848]) *Marx Engels: Selected Works*. Vol. II. Moscow: Foreign Languages.
May, R. (1974) *Stability and Complexity in Model Ecosystems*. Princeton: Princeton University Press.
Mazzucato, M. (2015) *The Entrepreneurial State – Debunking Public vs. Private Sector Myths*. New York: Public Affairs.
McCarthy, C. (2006) *The Road*. New York: Vintage.

McCurdy, H. (2011) *Space and the American Imagination.* Baltimore: Johns Hopkins University Press.
McEwan, I. (2010) *Solar.* London: Jonathan Cape.
McGuire, B. (2006) *Global Catastrophes: A Very Short Introduction.* Oxford: Oxford University Press.
McTaggart, J. (1927) *The Nature of Existence.* Vol. II, Book 5. Cambridge: Cambridge University Press.
Mead, G. H. (1959[1934]) *The Philosophy of the Present.* La Salle: Open Court.
Meadows, D. H., Meadows, D. L., Randers, J., Behrens, W. (1972) *The Limits to Growth.* New York: New American Library.
Millard-Ball, A., Schipper, L. (2011) 'Are we reaching peak travel? Trends in passenger transport in eight industrialized countries', *Transport Reviews*, 31: 357–78.
Miller, D. (ed.) (2000) *Car Cultures.* Oxford: Berg.
Miller, R. (2011) 'Futures literacy – embracing complexity and using the future', *Ethos*, 10: 23–8.
Mitchell, C. (2010) *The Political Economy of Sustainable Energy.* London: Palgrave Macmillan.
Mitchell, T. (2011) *Carbon Democracy.* London: Verso.
Mitchell, W., Borroni-Bird, C., Burns, L. (2010) *Reinventing the Automobile.* Cambridge: Mass.: MIT Press.
Mol, A., Sonnenfeld, D., Spaargaren, G. (eds.) (2009) *The Ecological Modernization Reader: Environmental Reform in Theory and Practice.* London: Routledge.
Monbiot, G. (2006) *Heat: How to Stop the Planet from Burning.* London: Allen Lane.
Monbiot, G. (2013) *Feral: Searching for Enchantment on the Frontiers of Rewilding.* London: Penguin.
Montford, A. (2010) *The Hockey Stick Illusion: Climategate and the Corruption of Science.* London: Stacey International.
Montgomery, C. (2013) *Happy City.* London: Penguin.
Montgomery, D. (2007) *Dirt: The Erosion of Civilizations.* Berkeley: University of California Press.
Moran, A. (ed.) (2015) *Climate Change: The Facts*, www.amazon.com/dp/B00S5L5Y0W/ref=cm_sw_su_dp.
Morris, I. (2011) *Why the West Rules – For Now.* London: Profile.
Morris, W. (1890) *News from Nowhere*, http://en.wikisource.org/wiki/News_from_Nowhere.
Morrison, B. (2008) 'It was the cathedral of modern times, but the car is now a menace', *The Guardian*, 26 July.
Morus, I. (2014) 'Future perfect: social progress, high-speed transport and electricity everywhere – how the Victorians invented

the future', *Aeon*, http://aeon.co/magazine/society/how-the-victorians-imagined-and-invented-the-future.
Moskvitch, K. (2011) 'Blood vessels made on 3D printer', *BBC News*, www.bbc.co.uk/news/technology-14946808.
Motesharrei, S., Rivas, J., Kalnay, E. (2014) 'Human and nature dynamics (HANDY): modelling inequality and use of resources in the collapse or sustainability of societies', *Ecological Economics*, 101: 90–102.
Mumford, L. (1922) *The Story of Utopias*, www.sacred-texts.com/utopia/sou/sou04.htm.
Murray, J., King, D. (2012) 'Climate policy: oil's tipping point has passed', *Nature*, 481: 433–5.
Nancy, J.-L. (2014) *After Fukushima: The Equivalence of Catastrophes*. New York: Fordham University Press.
Nicolis, G. (1995) *Introduction to Non-Linear Science*. Cambridge: Cambridge University Press.
Nikitas, A., Karlsson, M. (2015) 'A worldwide state-of-the-art analysis for Bus Rapid Transit: looking for the Success Formula', *Journal of Public Transportation*, 18: 1–33.
North, D. (1990) *Institutions, Institutional Change and Economic Performance*. Cambridge: Cambridge University Press.
Nowotny, H. (1994) *Time: The Modern and the Postmodern Experience*. Cambridge: Polity.
Nye, D. (1998) *Consuming Power*. Cambridge, Mass.: MIT Press.
Nye, D. (2010) *When the Lights Went Out*. Cambridge, Mass.: MIT Press.
Nye, D. (2014) 'The United States and alternative energies: technological fix or regime change?' *Theory, Culture and Society*, 31: 103–25.
Offner, A. (2006) *The Challenge of Affluence*. Oxford: Oxford University Press.
Ohmae, K. (1990) *The Borderless World*. New York: McKinsey.
Oreskes, N., Conway E. (2010) *Merchants of Doubt*. New York: Bloomsbury Press.
Oreskes, N., Conway E. (2014) *The Collapse of Western Civilization: A View from the Future*. New York: Columbia University Press.
Orlov, D. (2008) *Reinventing Collapse: The Soviet Example and American Prospects*. Gabriola Island, BC: New Society Publishers.
Ormerod, P. (2012) *Positive Thinking*. London: Faber and Faber.
Orr, D. (2009) *Down to the Wire: Confronting Climate Collapse*. New York: Oxford University Press.
Orwell, G. (2008[1949]) *Nineteen Eighty-Four*. London: Secker and Warburg.
Owen, D. (2011) *Green Metropolis: Why Living Smaller, Living Closer, and Driving Less Are the Keys to Sustainability*. London: Penguin.

Owen, R. (1970[1813–14]) *A New View of Society*. Harmondsworth: Penguin.
Parenti, C. (2011) *Tropic of Chaos*. New York: Nation Books.
Parsons, T. (1968[1937]) *The Structure of Social Action*, 2 vols. New York: Free Press.
Paterson, M. (2007) *Automobile Politics: Ecology and Cultural Political Economy*. Cambridge: Cambridge University Press.
Patterson, R. (2003) *Dereliction of Duty: Eyewitness Account of How Bill Clinton Compromised America's National Security*. Washington, DC: Regnery Publishing.
Pearce, F. (2006) *When the Rivers Run Dry*. London: Transworld.
Pearce, F. (2007) *With Speed and Violence: Why Scientists Fear Tipping Points in Climate Change*. Boston: Beacon Press.
Peels, J. (2011) 'How soon before we get "green" 3D printing?' *Quora*, www.quora.com/How-soon-before-we-get-green-3D-printing.
Perez, C. (2002) *Technological Revolutions and Financial Capital: The Dynamics of Bubbles and Golden Ages*. London: Edward Elgar.
Perkins Gilman, C. (1892) 'Yellow wallpaper', www.publicbookshelf.com/romance/wallpaper/yellow-wallpaper.
Perrow, C. (1999) *Normal Accidents: Living with High-Risk Technologies*. New York: Basic Books.
Perrow, C. (2007) *The Next Catastrophe*. Princeton: Princeton University Press.
Peters, M., Fudge, S., Jackson, T. (eds.) (2010) *Low Carbon Communities*. Cheltenham: Edward Elgar.
Pfeiffer, D. (2006) *Eating Fossil Fuels*. Gabriola Island, BC: New Society Publishers.
Piercy, M. (1976) *Woman on the Edge of Time*. New York: Alfred A. Knopf.
Piketty, T. (2014) *Capital in the Twenty-First Century*. Cambridge, Mass.: Harvard University Press.
Pinder, D. (2015) 'Reconstituting the possible: Lefebvre, Utopia and the urban question', *International Journal of Urban and Regional Research*, 39: 28–45.
Platt, E. (2000) *Leadville*. London: Picador.
Polanyi, K. (1954[1944]) *The Great Transformation*. Boston: Beacon Press.
Popper, K. (1960) *The Poverty of Historicism*. London: Routledge and Kegan Paul.
Porritt, J. (2013) *The World We Made*. London: Phaidon.
Prigogine, I. (1997) *The End of Certainty*. New York: Free Press.
Prigogine, I., Stengers, I. (1984) *Order out of Chaos*. London: Heinemann.
Putnam, R. (2000) *Bowling Alone*. New York: Simon and Schuster.

Rand, A. (2007[1957]) *Atlas Shrugged*. London: Penguin.
Ratto, M., Ree, R. (2010) 'The materialization of digital information and the digital economy knowledge synthesis report', http://thingtanklab.com/wp-content/uploads/2011/02/SSHRC_DigEcon_DDF.pdf.
Rees, M. (2003) *Our Final Century*. London: Arrow Books.
Reid, C. (2015) *Roads Were Not Built For Cars*. Washington, DC: Island Press.
Rial, J. A., Pielke, Sr, R. A., Beniston, M., et al. (2004) 'Nonlinearities, feedbacks and crucial thresholds within the earth's climate system', *Climate Change*, 65: 11–38.
Ricca-Smith, C. (2011) 'Could 3D printing end our throwaway culture?' www.theguardian.com/technology/2011/nov/17/3d-printing-throwaway-culture.
Rich, N. (2013) *Odds against Tomorrow*. New York: Picador.
Riedy, C. (2007) *The Eye of the Storm: An Integral Perspective on Sustainable Development and Climate Change Response*. Saarbrucken, Germany: VDM Verlag.
Rifkin, J. (2000) *The Age of Access*. London: Penguin.
Rifkin, J. (2002) *The Hydrogen Economy*. New York: Penguin Putnam.
Rifkin, J. (2009) *The Empathic Civilization: The Race to Global Consciousness in a World in Crisis*. Cambridge: Polity.
Rittel, H., Webber, M. (1973) 'Dilemmas in a general theory of planning', *Policy Sciences*, 4: 155–69.
Rodin, J. (2014) *The Resilience Dividend: Being Strong in a World Where Things Go Wrong*. New York: Public Affairs.
Rogers, R. (1997) *Cities for a Small Planet*. London: Faber and Faber.
Romm, J. (2004) *The Hype About Hydrogen: Fact and Fiction in the Race to Save the Climate*. Washington, DC: Island Press.
Rosenthal, E. (2013) 'The end of car culture', *New York Times*, 29 June, www.nytimes.com/2013/06/30/sunday-review/the-end-of-car-culture.html.
Ross, B. (2014) *Dead End: Suburban Sprawl and the Rebirth of American Urbanism*. Oxford: Oxford University Press.
Royal Academy of Engineering (2010) *Electric Vehicles: Charged with Potential*. London: RAE.
Rutledge, I. (2005) *Addicted to Oil*. London: I. B. Tauris.
Saunders, S. (2010) 'Consumer-generated media and product labelling: designed in California, assembled in China', *International Journal of Consumer Studies*, 34: 474–80.
Savage, M., Williams, K. (eds.) (2008) *Remembering Elites*. Oxford: Blackwell.

Sayer, A. (2015) *Why We Can't Afford the Rich*. Bristol: Policy Press.
Schmid, H. (2009) *Economy of Fascination*. Berlin: Gebrüder Borntraeger.
Schneider, K. (2005[1971]) *Autokind vs. Mankind*. Lincoln, NE: Universe.
Schumacher, E. (1973) *Small is Beautiful*. London: Blond and Briggs.
Schumpeter, J. (1942) *Capitalism, Socialism, and Democracy*. New York: Harper.
Scranton, R. (2013) 'Learning how to die in the Anthropocene', *New York Times*, 10 November.
Sekula, A. (2001) 'Freeway to China (version 2, for Liverpool)', in Comaroff, J., Comaroff, J. (eds.) *Millennial Capitalism and the Culture of Neoliberalism*. Durham, NC: Duke University Press.
Sells, E. (2009) *Towards a Self-Manufacturing Rapid Prototyping Machine*. Ph.D. dissertation, Bath University.
Sennett, R. (1977) *The Fall of Public Man*. London and Boston, Mass.: Faber and Faber.
Sennett, R. (1998) *The Corrosion of Character*. New York: W. W. Norton & Co.
Sennett, R. (2009) *The Craftsman*. London: Penguin.
Shankland, S. (2010) 'HP joining 3D printer market with Stratasys deal', http://news.cnet.com/8301-30685_3-10436841-264.html.
Sharon, D. (1983) 'Drive-by-wire', *Futures*, 15: 491–8.
Shaxson, N. (2012) *Treasure Islands*. London: Bodley Head.
Sheller, M. (2004) 'Automotive emotions: feeling the car', *Theory, Culture and Society*, 21: 221–42.
Sheller, M. (2015a) 'Will "connected transmobility" hasten a sustainable mobility transition?' Keynote address, Eindhoven University of Technology, March.
Sheller, M. (2015b) 'Racialized mobility transitions in Philadelphia: connecting urban sustainability and transport justice', *City and Society*, 27: 1–22.
Sheller, M., Urry, J. (2006) 'The new mobilities paradigm', *Environment and Planning*, 38: 207–26.
Shelley, M. (1826) *The Last Man*. London: Henry Colburn.
Shelley, M. (2000[1818]) *Frankenstein*. London: Macmillan.
Shepard, M. (ed.) (2011) *Sentient City: Ubiquitous Computing, Architecture and the Future of Urban Space*. Cambridge, Mass.: MIT Press.
Shove, E. (2010) 'Beyond the ABC: climate change policy and theories of social change', *Environment and Planning A*, 42: 1273–85.

Shove, E., Chappells, H., Lutzenhiser, L. (eds.) (2009) *Comfort in a Lower Carbon Society*. London: Routledge.
Sieberg, D. (2010) 'World News America: 3D printing creates "something out of nothing"', http://news.bbc.co.uk/1/hi/programmes/world_news_america/9318390.stm.
Silver, H., Arrighi, G. (2011) 'The end of the long twentieth century', in Calhoun, C., Derluguian, G. (eds.) *Business as Usual*. New York: New York University Press.
Silverman, M. (2012) 'Mashable tech how does 3D printing work, anyway?', http://mashable.com/2012/08/01/how-does-3d-printing-work.
Simmel, G. (1910) 'How is society possible?', *American Journal of Sociology*, 16: 371–91.
Sinclair, U. (2008[1926]) *Oil!* London: Penguin.
Slaughter, R. (2003) *Futures beyond Dystopia*. London: Routledge.
Slaughter, R. (2012) *To See with Fresh Eyes: Integral Futures and the Global Emergency*. Brisbane: Foresight International.
Sloman, L. (2006) *Car Sick: Solutions for Our Car-Addicted Culture*. London: Green Books.
Smil, V. (2008) *Global Catastrophes and Trends: The Next Fifty Years*. Cambridge, Mass.: MIT Press.
Smith, A. (1979[1776]) *An Inquiry into the Nature and Causes of the Wealth of Nations*. Oxford: Clarendon Press.
Son, H. (2015) 'The history of Western future studies: an exploration of the intellectual traditions and three-phase periodization', *Futures*, 66: 120–37.
Spence, A., Poortinga, W., Butler, C., Pidgeon, N. (2011) 'Perceptions of climate change and willingness to save energy related to flood experience', *Nature Climate Change*, 1: 46–9.
Srnicek, N., Williams, A. (2015) *Inventing the Future: Postcapitalism and a World without Work*. London: Verso.
Standing, G. (2014) *Precariat – the New Dangerous Class*. London: Bloomsbury.
Stedman Jones, D. (2012) *Masters of the Universe*. Princeton, N.J.: Princeton University Press.
Stemp-Morlock, G. (2010) 'Personal fabrication: open source 3D printers could herald the start of a new industrial revolution', www.economist.com/node/18114221.
Stengers, I. (2015) *In Catastrophic Times: Resisting the Coming Barbarism*. London: Open Humanities Press.
Stern, N. (2007) *The Economics of Climate Change*. Cambridge: Cambridge University Press.
Stiglitz, J. (2004) *The Roaring Nineties: A New History of the World's Most Prosperous Decade*. New York: W.W. Norton.

Stiglitz, J. (2007) *Making Globalization Work*. Harmondsworth: Penguin.
Storper, M. (2013) *Keys to the City*. Princeton: Princeton University Press.
Strahan, D. (2007) *The Last Oil Shock*. London: John Murray.
Strogatz, S. (2003) *Sync: The Emerging Science of Spontaneous Order*. Harmondsworth: Penguin.
Szerszynski, B. (2010) 'Reading and writing the weather: climate technics and the moment of responsibility', *Theory, Culture and Society*, 27: 9–30.
Szerszynski, B. (2016) 'Acting ahead of the future: towards an embodied, cognitive, social theory of anticipation' in *Futures in Question*. Special Issue of *Sociological Review*.
Szerszynski, B., Kearnes, M., Macnaghten, P., Owen, R., Stilgoe, J. (2013) 'Why solar radiation management geoengineering and democracy won't mix', *Environment and Planning A*, 45: 2809–16.
Tainter, J. (1988) *The Collapse of Complex Societies*. Cambridge: Cambridge University Press.
Taleb, N. (2007) *The Black Swan*. London: Penguin.
Tett, G. (2010) *Fool's Gold: How Unrestrained Greed Corrupted a Dream, Shattered Global Markets and Unleashed a Catastrophe*. London: Abacus.
Thackara, J. (2015) *How to Thrive in the Next Economy*. London: Thames and Hudson.
Theroux, M. (2009) *Far North*. London: Faber and Faber.
Thompson, E. P. (1968) *The Making of the English Working Class*. Harmondsworth: Penguin.
Thompson, M., Beck, M. (2014) *Coping with Change: Urban Resilience, Sustainability, Adaptability and Path Dependence*. Foresight Paper from 'The Future of Cities' Foresight Programme. London: Department for Business, Innovation and Skills.
Tilly, C. (1992) *Coercion, Capital and European States: AD 990–1992*. New York: Wiley–Basil Blackwell.
Timmons Roberts, J., Parks, B. (2007) *A Climate of Injustice*. Cambridge, Mass.: MIT Press.
Tita, B. (2014) '3-D printer makers get reality check', *The Wall Street Journal*, 7 April.
Toffler, A. (1970) *Future Shock*. London: Bodley Head.
Tuomi, I. (2003) *Networks of Innovation: Change and Meaning in the Age of the Internet*. Oxford: Oxford University Press.
Turner, F. (2006) *From Counterculture to Cyberculture: Stewart Brand, the Whole Earth Network and the Rise of Digital Utopianism*. Chicago: University of Chicago Press.
Tutton, R. (2016) 'Wicked futures: meaning, matter, and the sociology of the future' (under review).

Tyfield, D. (2014) 'Putting the power in "socio-technical regimes" – e-mobility transition in China as political process', *Mobilities*, 9: 285–63.
Tyfield, D., Urry, J. (2014) *Energy and Society*. Special Issue of *Theory, Culture and Society*, 31: 3–226.
UN-Habitat (2013) *Planning and Design for Sustainable Urban Mobility: Global Report on Human Settlements 2013*. London: Routledge.
Urry, J. (2000) *Sociology beyond Societies*. London: Routledge.
Urry, J. (2002) 'The global complexities of September 11th', *Theory, Culture and Society*, 19: 57–69.
Urry, J. (2003) *Global Complexity*. Cambridge: Polity.
Urry, J. (2005) *Complexity*. Special Issue of *Theory, Culture and Society*, 22: 1–274.
Urry, J. (2007) *Mobilities*. Cambridge: Polity.
Urry, J. (2011) *Climate Change and Society*. Cambridge: Polity.
Urry, J. (2013a) 'A low carbon economy and society', *Philosophical Transactions of the Royal Society A*, 10.1098/rsta.2011.0566.
Urry, J. (2013b) *Societies beyond Oil*. London: Zed.
Urry, J. (2014a) *Offshoring*. Cambridge: Polity.
Urry, J. (2014b) 'The problem of energy', *Theory, Culture and Society*, 31: 3–20.
Urry, J., Birtchnell, T., Caletrio, J., Pollastri, S. (2014) *Living in the City*. Foresight Paper from 'The Future of Cities' Foresight Programme. London: Department for Business, Innovation and Skills.
US National Intelligence Council (2008) *US Global Trends 2025: A Transformed World*. Washington, DC: US National Intelligence Council.
Vance, A. (2010) '3D printing is spurring a manufacturing revolution', *New York Times*, www.nytimes.com/2010/09/14/technology/14print.html.
Verne, J. (1996[1863]) *Paris in the Twentieth Century*. New York: Del Rey Books.
Verne, J. (2005[1865]) *From the Earth to the Moon*. New York: Barnes & Noble Publishing.
Verne, J. (2008[1873]) *Around the World in Eighty Days*, www.gutenberg.org/ebooks/103.
Von Hippel, E. (2006) *Democratizing Innovation*. Cambridge, Mass.: MIT Press.
Walby, S. (2009) *Globalization and Inequalities*. London: Sage.
Walby, S. (2015) *Crisis*. Cambridge: Polity.
Wallerstein, I., Collins, R., Mann, M., Derluguian, G., Calhoun, C. (2013) *Does Capitalism Have a Future?* New York: Oxford University Press.

Watson, R. (2008) *Future Files*. London: Nicholas Brealey Publishing.
Watts, D. (1999) *Small Worlds*. Princeton: Princeton University Press.
Watts, D. (2003) *Six Degrees: The Science of a Connected Age*. London: Heinemann.
Watts, L., Urry, J. (2008) 'Moving methods, travelling times', *Environment and Planning D: Society and Space*, 26: 860–74.
Weber, M. (1948[1919]) 'Politics as a vocation', in Gerth, H., Mills, C. W. (eds.) *From Max Weber*. London: Routledge and Kegan Paul.
Weinberg, M. (2013) 'What's the deal with copyright and 3D printing?' *Public Knowledge*, 3 March.
Weiss, C. C. (2012) 'The Double turns you into a video-calling, iPad-faced robot', *Gizmag*, www.gizmag.com/double-robotics-double-video-calling-robot/23783.
Weissman, J. (2012) 'Why are young people ditching cars for smart phones?', *The Atlantic*, 7 August, www.theatlantic.com/business/archive/2012/08/why-are-young-people-ditching-cars-for-smartphones/260801.
Wells, H. G. (1914) *An Englishman Looks at the World*. London: Cassell.
Wells, H. G. (2005[1898]) *The War of the Worlds*. London: Penguin.
Wells, H. G. (2011[1905]) *A Modern Utopia*. Boston, Mass.: Digireads.com.
Welsh, I. (2010) 'Climate change: complexity and collaboration between the sciences', in Lever-Tracy, C. (ed.) *Routledge Handbook on Climate Change and Society*. London: Routledge.
Whitehead, A. N. (1929) *Process and Reality*. Cambridge: Cambridge University Press.
Wilde, O. (2001[1900]) *The Soul of Man under Socialism and Selected Critical Prose*. London: Penguin.
Wilkinson, R., Pickett, K. (2009) *The Spirit Level: Why More Equal Societies Almost Always Do Better*. London: Allen Lane.
Williams, H. (1991) *Autogeddon*. London: Jonathan Cape.
Williams, R. (1977) *Marxism and Literature*. Oxford: Oxford University Press.
Williams, R. (1983) *Towards 2000*. Harmondsworth: Penguin.
Willis, R., Webb, M., Wilsdon, J. (2007) *The Disrupters: Lessons for Low-carbon Innovation from the New Wave of Environmental Pioneers*. London: NESTA/Demos.
Wollen, P., Kerr, J. (eds.) (2002) *Autopia: Cars and Culture*. London: Reaktion Books.
Woodbridge, R. (2005) *The Next World War: Tribes, Cities, Nations, and Ecological Decline*. Toronto: Toronto University Press.
Worldwide Fund for Nature (2008) *Plugged In: The End of the Oil Age, Summary Report*. Brussels: WWF.

Wright, E. O. (2010) *Envisioning Real Utopias*. London: Verso.
Wyndham, J. (2008[1951]) *The Day of the Triffids*. London: Penguin.
Wynne, B. (2010) 'Strange weather, again: climate science as political art', *Theory, Culture and Society*, 27: 289–305.
Yar, M. (2015) *Crime and the Imaginary of Disaster: Post-Apocalyptic Fictions and the Crisis of Social Order*. London: Palgrave Macmillan.
Young, M. (1968) *Forecasting and the Social Sciences*. London: Heinemann.
Žižek, S. (2011) *Living in the End Times: Updated New Edition*. London: Verso.

《城市研究系列》总目

☑ 已出版，☐ 待出版

- ☑ 马克思主义与城市
- ☑ 保卫空间
- ☑ 城市空间的社会生产
- ☑ 城市：非正当性支配
- ☑ 现代性和大都市
- ☑ 驱逐：全球经济中的野蛮性与复杂性
- ☑ 浮现的世界：21 世纪的城市与区域
- ☑ 空间问题：文化拓扑学和社会空间化
- ☑ 文化崩溃：创意阶层的衰落
- ☑ 城市的视角
- ☑ 世界城市网络：一项全球层面的城市分析
- ☑ 社会理论与城市问题
- ☑ 未来是什么？
- ☐ 全球城市政治：国家的非正规化
- ☐ 为增长而规划：中国的城市与区域规划
- ☐ 阁楼生活方式：城市变化中的文化与资本
- ☐ 城市发展的基本趋势
- ☐ 大都市与精神生活